漫话时间科学

窦　忠
朱云博　著

陕西新华出版
陕西科学技术出版社
Shaanxi Science and Technology Press
西安

图书在版编目（CIP）数据
漫话时间科学 / 窦忠，朱云博著. -- 西安 : 陕西科学技术出版社，2024. 9. -- ISBN 978-7-5369-8963-4
Ⅰ. P19-49
中国国家版本馆CIP数据核字第2024EH1007号

漫话时间科学
MANHUA SHIJIAN KEXUE
窦忠　朱云博　著

出 版 人　崔斌
责任编辑　张戬
封面设计　朱丹萍
插画设计　朱丹萍 介亚会

出 版 者　陕西科学技术出版社
西安市曲江新区登高路 1388 号陕西新华出版传媒产业大厦 B 座
电话（029）81205187　传真（029）81205155　邮编 710061
http://www.snstp.com
发 行 者　陕西新华出版传媒集团　陕西科学技术出版社
电话（029）81205180　81205178
印　　刷　陕西龙山海天艺术印务有限公司
规　　格　700mm × 1000mm　16 开本
印　　张　5.25
字　　数　80 千字
版　　次　2024 年 9 月第 1 版
2024 年 9 月第 1 次印刷
书　　号　ISBN 978-7-5369-8963-4
定　　价　68.00 元

出版前言

随着人类科技水平不断地提高，对自然界的研究也更加深入，使我们人类社会发展的质量不断地提高。而始终贯穿人类文明发展历程，深刻影响人类生产生活的一个不可或缺的基本参数，那就是时间，因此时间成为物质世界中最寻常却又最神秘的存在。对于小朋友们来说，了解时间的本质和规律，不仅是知识的积累，更是为今后认识大自然、改造大自然做了最基础的准备。

《漫话时间科学》带着这样的使命应运而生。本书以孩子们的视角，按照时间科学发展的逻辑顺序为主线，挑选了关于时间科学的四个关键问题——“时间是什么？”“时间如何测量？”“时间如何传播？”“时间都去哪儿了？”进行解答，同时，将看似深奥的时间科学知识，以大量的精美配图及有趣的故事形式生动呈现。

在整个阅读体验过程中，孩子们仿佛置身于一个充满趣味与探索的时间之旅，徜徉时间之河，清晰地了解时间的来龙去脉，仿佛亲眼见证从时间的诞生到人类认识时间、测量时间及使用时间的发展历程。通过书中丰富的实例，孩子们还能掌握精密时间在现代社会各种无所不在的应用。

我们衷心希望，这本书能成为点亮孩子们求知欲的一盏明灯，为他们照亮一条通往科学世界的大道，让他们在探索中不断成长，在知识的海洋中劈浪前行。

愿每一位小读者都能在《漫话时间科学》中，找到属于自己的时间宝藏，开启智慧的新篇章。

探索分秒之间的科学奥秘

"码"上开启时间之旅

授时 趣味新知

"北京时间"是怎么来的？带你掌握科学知识。

知时 科普课堂

你真的了解时间吗？视频为你解读时间奥秘。

测时 测量故事

古代没时钟怎么计时？发现时令里的中国智慧。

惜时 时间管理

怎样更有时间观念？测测你的时间管理潜力吧。

时间，是一条河流，从远古流向未来。

时间，是空气和水，滋养着现代社会文明。

时间，是一种文字，书写着数字化的地球。

目录

中国科学院国家授时中心

时间是什么？

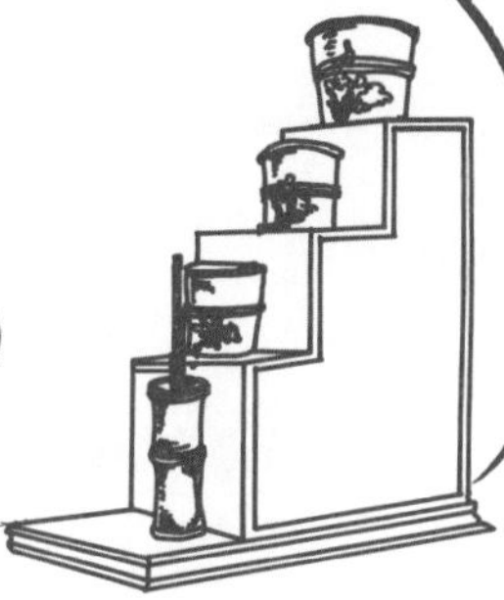

什么是时间？

这个问题在过去千百年里被反复提出又被反复解释，各个时期的思想家和哲学家都有自己对于时间的独特认知。时间是存在的，如果仔细观察，我们就能看见时间的痕迹，感受到时间的作用。

古人的时间

当大家谈到时间时，无论它是怎样的构成，有一点是相通的，即都是感叹时间的稍纵即逝，而且摸不着也看不到。

* 形容时间像流水一样不停地流逝，一去不复返。感慨人生世事变化之快。

中国古代思想家、政治家、教育家——孔子

古希腊哲学家——亚里士多德

有实而无乎处者，宇也；
有长而无本剽者，宙也。

*空间上确有实体而没有边界，这就是“宇”；
时间上不断延续而没有终点，这就是“宙”。

中国古代哲学家——庄子

时间究竟是什么？没有人问我，
我倒清楚；有人问我，我想说明，
便茫然不解了。

古罗马思想家——奥古斯丁

时间的神话

在我国古代神话传说中，有一些掌管时间的神，他们神秘又神奇。他们都是谁？身上又有哪些神奇的传说呢？让我们一起了解一下吧！

操控时间的烛龙

烛龙是《山海经》中记录的人面蛇身的山神，他身长千里，通体赤红。他闭眼为黑夜、睁眼则为白昼，用呼吸吐纳来控制四季变化，忠于职守，从不休息。

四值功曹

传说四值功曹是道教所供奉的四位时间之神，他们分别是值年、值月、值日、值时，各自对应掌管着年、月、日、时。

值年、值月、值日、值时

羲和驾车驭日

羲和是我国古代神话中的太阳女神和制定时历的女神。传说羲和驾着龙车，掌握时间的节奏，每天由东向西带着太阳一起东升西落。

时间的痕迹

假如把地球 46 亿年的演化历程比作一天 24 个小时，那么人类大约在 23 时 59 分才出现。

大约 300 万年前，地球上才出现了人类；经历了漫长的旧石器时代和新石器时代，以及几千年的历史变迁，才有了现代人类文明。

化石

化石是时间的沉淀，记录着数亿年地质年代的演化。

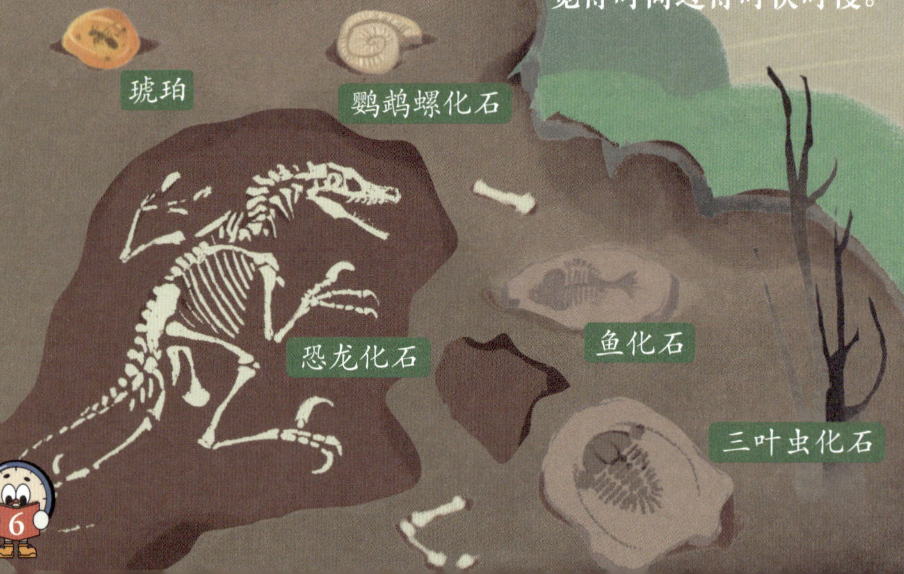

感受时间

时间是春种秋收，寒来暑往。随着时间的流逝，牙牙学语的孩子也慢慢地变成了老人。如果加上人的主观感觉，人们会觉得时间过得时快时慢。

四季

通过大自然中季节的变化，能感知一年中时间的流逝和变化：春夏秋冬，四季更迭。

观天象

古人根据北斗七星在夜空中的指向，推测时间，指导农业生产不误时节。只要找到北斗七星，就可找到北极星，因为北极星基本位于北天极的位置，便被用作辨认北方的标识。

年轮

树木的年轮是时间的印记，记录着树木的年龄。

从古代到现代，时间都是至关重要的。想象一下，生活在今天的我们如果没有时间的概念，将会处在一个多么混乱的状态。

植物的时间

时间可以让一粒种子经历生根、发芽、开花、结果、凋零的生命过程。

时间的起点

宇宙大爆炸理论认为，宇宙起源于大约 138 亿年前的一次大爆炸，这是迄今为止最大的时间尺度。

如果把宇宙大爆炸至今比作 1 年，那么，人类文明上下五千年相当于最后的 11 秒，而人类的寿命就只有约 0.2 秒！

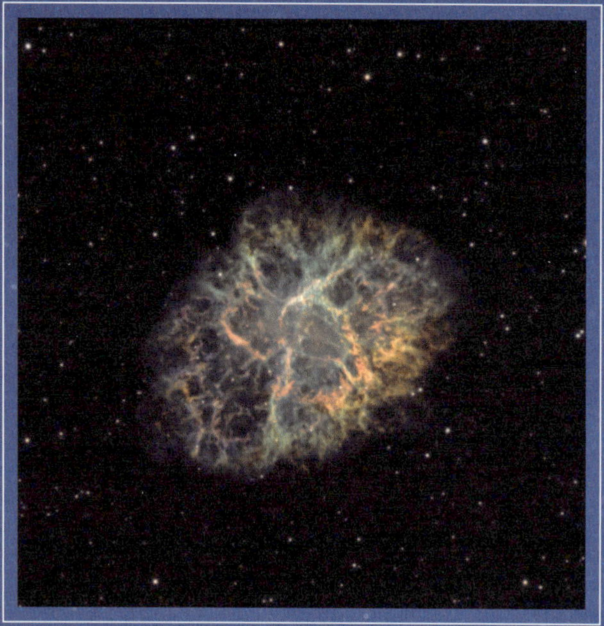

蟹状星云

*蟹状星云是在公元1054年由一颗超新星爆发后形成的遗迹。

宇宙年历

1月	2月	3月	4月	5月	6月
大约 138 亿年前 宇宙大爆炸		大约 110 亿年前 银河系形成			
7月	**8月**	**9月**	**10月**	**11月**	**12月**
		大约 46 亿年前 太阳系形成	大约 25 亿年前 地球上有氧大气出现	大约 20 亿年前 地球生物有性繁殖出现	

12月

1	2	3	4	5	6	7	
8	9	10	11	12	13	14	15
16	17 大约 5.4 亿年前寒武纪生物大暴发	18	19	20 大约 4.4 亿年前陆地蕨类植物出现	21		
22 大约 3.6 亿年前裸子植物、爬行动物出现	23	24	25 大约 2.5 亿年前恐龙出现	26	27	28	
29	30 大约 6500 万年前白垩纪大灭绝	31					

宇宙年≈138 亿年
宇宙月≈11.5 亿年
宇宙日≈3800 万年
宇宙分钟≈2.62 万年
宇宙秒≈440 年

类文明上下五千年≈11 秒
类的寿命≈0.2 秒

12月31日

00:00　06:00　12:00　18:00　24:00

大约 700 万年前
出现最早古人类

最后10分钟

倒数第 8 分钟
大约 20 万年前
早期智人出现

10	9	8	7	6
5	4	3	2	1

倒数 1 分 09 秒
大约 3 万年前
北京周口店山顶洞人出现

最后 1 秒
400 多年前
哥白尼发表《日心说》

天文历法

“年、月、星期、日”是大家熟悉的日常生活中时间的概念。天文历法是制定推算年、月、星期、日等时间单位的关系，并使其与天象对应的方法，也是协调“历年、历月、历日”和“回归年、朔望月、太阳日”的章法。

日

地球自转形成的日夜周期就是“日”，也称为“太阳日”。1 个太阳日，也就是地球自转 1 周，需要 24 小时。

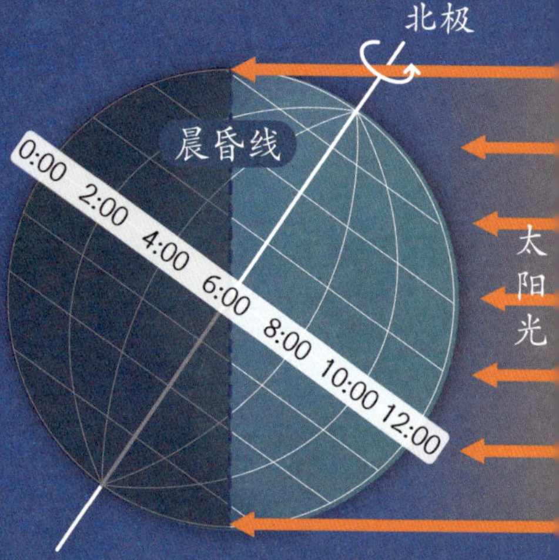

月

月球绕地球公转形成的朔望周期就是“月”，也称“朔望月”。月亮变化的周期是 29.5 天左右。

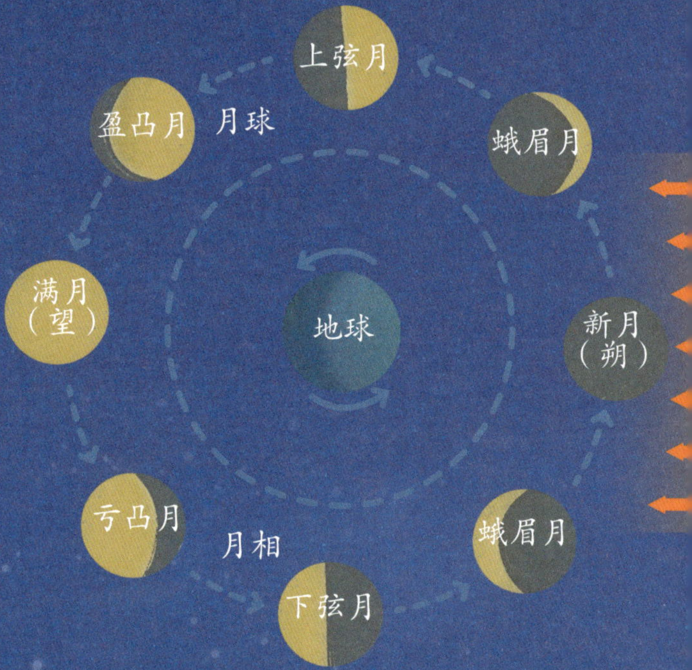

年

地球绕太阳公转形成的四季周期就是“年”，也称“回归年”。回归年指太阳连续两次通过春分点的时间间隔：1 回归年=365 天 5 小时 48 分 46 秒。

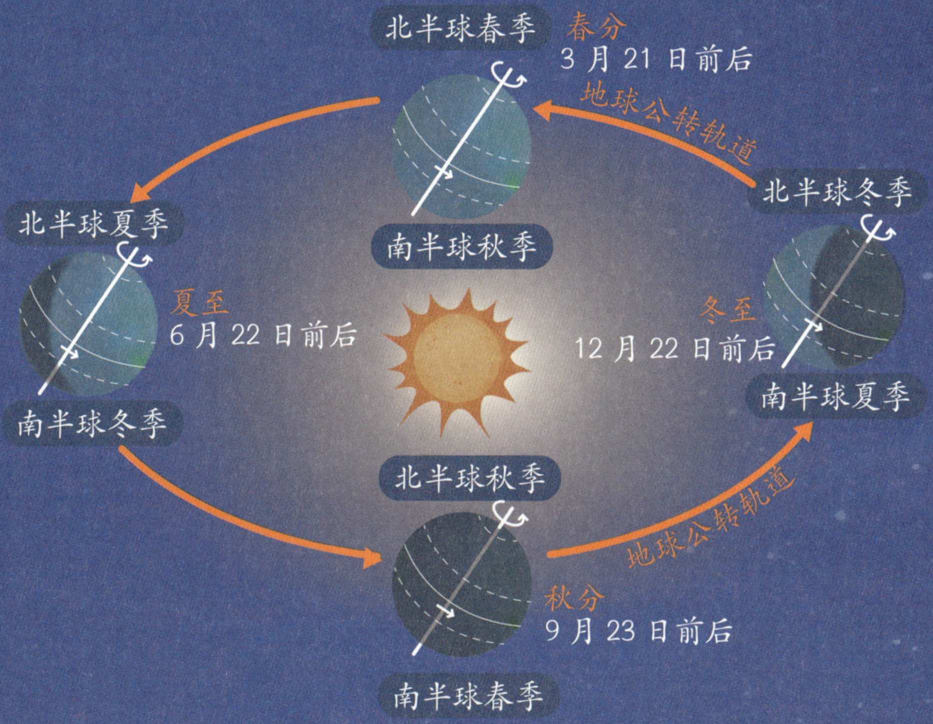

阳历和阴历

阳历和太阳有关，是以地球绕太阳公转的运动周期为基础而制定的历法，主要协调年和日的关系，能准确地反映四季冷暖的变化。

阴历和月亮有关，是按月亮的月相周期变化来制定的历法，主要协调月和日的关系，能准确地反映月相的盈亏变化，但不能反映四季变化。

中国科学院国家授时中心

时间如何测量？

人类在不同的历史时期，发明和制造了各种适应当时社会经济发展和人类生活需求的计时器。计时技术发展的历程，就是社会科技进步的历史。计时器的发展，经历了太阳钟、火钟、水钟、机械钟、石英钟、原子钟等计时的精度已经达到 3000 万年不差一秒。而直至现在，人类还在为获取更高的计时精度孜孜以求。

接下来，就由我们作为主讲人，给小朋友们讲一下计时工具的发展吧！
先给大家介绍一下我们时钟家族的成员！我的名字叫准准，是一台电波钟，通过接收国家授时中心发播的无线电授时信号自动校准。
电波钟
我是古老的机械钟，可以叫我老运。我还有很多秘密哦！
水运仪象台
我是太阳钟，请叫我晷晷。
日晷

我们先讲时钟的两个要素：

① 一个规律的、连续的、可重复的周期性物理过程；

② 一种可以记录并显示周期个数的方法。

天文测时

斗转星移 观象授时

繁星在天空中，日夜运转，周而复始。古人发现了“斗转星移”的规律，并根据其来判断季节和时间。

恒星

古人观测到日月五星的运行是以恒星为背景的，这是因为古人觉得恒星相互之间的位置恒定不变，可以利用它们作参照物来说明日月五星运行到的位置。

斗转星移

北斗七星是北方天空夜空中的七颗亮星，它们组成的图形像是古代舀酒的斗，故被命名为北斗七星。农业生产中的春生、夏长、秋收、冬藏都与北斗七星的斗柄指向相关。

北斗七星的斗柄在四个季节的晚上同一时辰里会指向东、南、西、北四个方向，所以古人常用它来划分四季，而北斗七星的指向也会随着地球公转进行周期为1年的旋转。

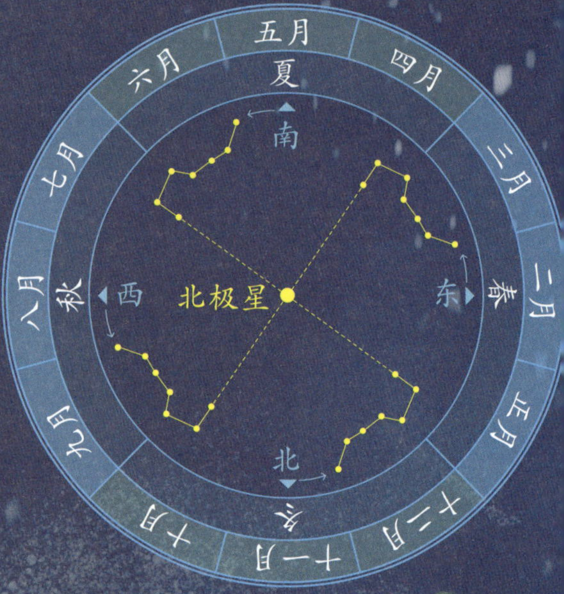

斗柄东指，天下皆春；
斗柄南指，天下皆夏；
斗柄西指，天下皆秋；
斗柄北指，天下皆冬。

地球钟

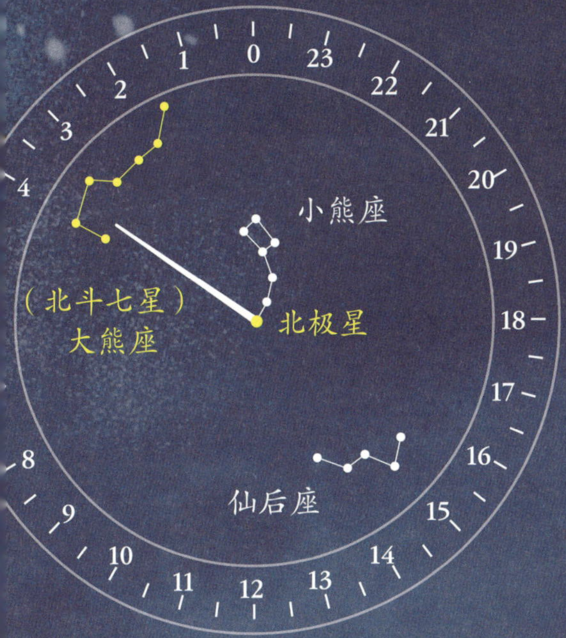

日月星辰每天东升西落，是地球自转的反映。地球相对稳定的自转使得它成为了一面天然的大钟，天上的恒星就好比钟面上表示钟点的刻度，天文学家的望远镜或观星仪就好比钟面上的指针。天文学家已经很精确地测定过恒星的位置，也就是说，这只天然钟钟面上的刻度（恒星）是精确已知的。如果望远镜固定不动，看上去则是“指针”不动，“钟面”在转。当望远镜对准某颗恒星时，天文学家就能知道它指示的准确时间，这就是天文测时。

武氏祠壁画《天帝坐北斗车出巡》

武氏祠壁画位于我国山东省济宁市一处建于东汉晚期的家族墓群内，在其中的《天帝坐北斗车出巡》图中，北斗七星终年围绕北极星旋转。中国古代神话传说中，北斗七星被认为是天帝的座驾，象征着天帝是天地秩序的制定者，终年巡视四方。

人们发现了星星运行的规律，那他们是怎么记录恒星的呢？

《敦煌星图》

《敦煌星图》绘制于初唐的唐中宗时期（8 世纪初），1907 年在敦煌莫高窟藏经洞中被发现，现藏于英国伦敦大英图书馆内。星图用圆圈、黑点和圆圈涂黄三种方式绘出了 1359 颗星，为世界现存古星图中星数最多、最古老的一幅。此图曾被英国学者李约瑟高度评价为“世界上最早的科学星图”。

陕西靖边汉墓星图（局部）

2015 年 5 月，在陕西靖边县汉代墓群中一座砖室墓中发现的星象图，是中国考古史上首次发现的四宫二十八星宿星形、星数、图像、题名四要素俱全的天文星象图。

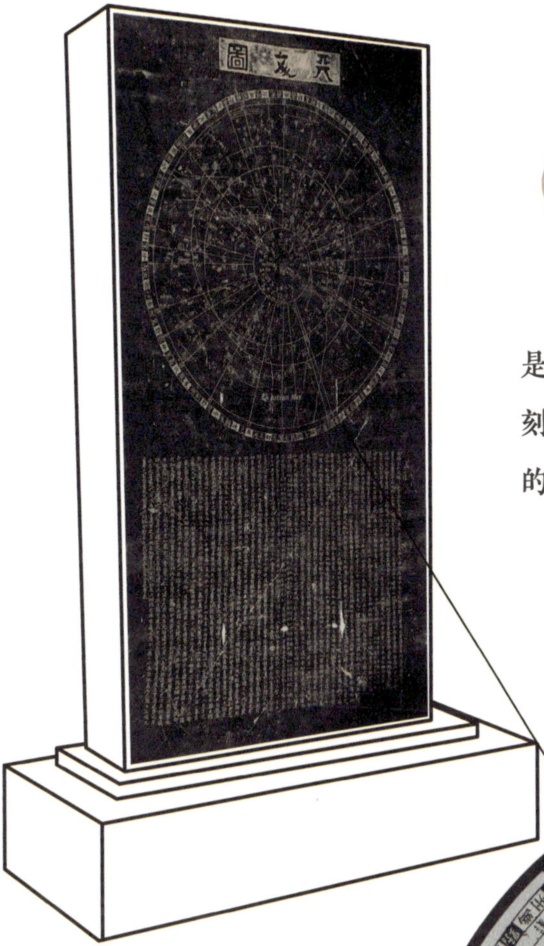

宋《天文图》碑

《天文图》碑现收藏于苏州碑刻博物馆中，是世界上现存较早、较完整、较精确的大型石刻星图，是对当时天文学研究最简明、最权威的阐释，在中国古代科技史上占有重要的地位。

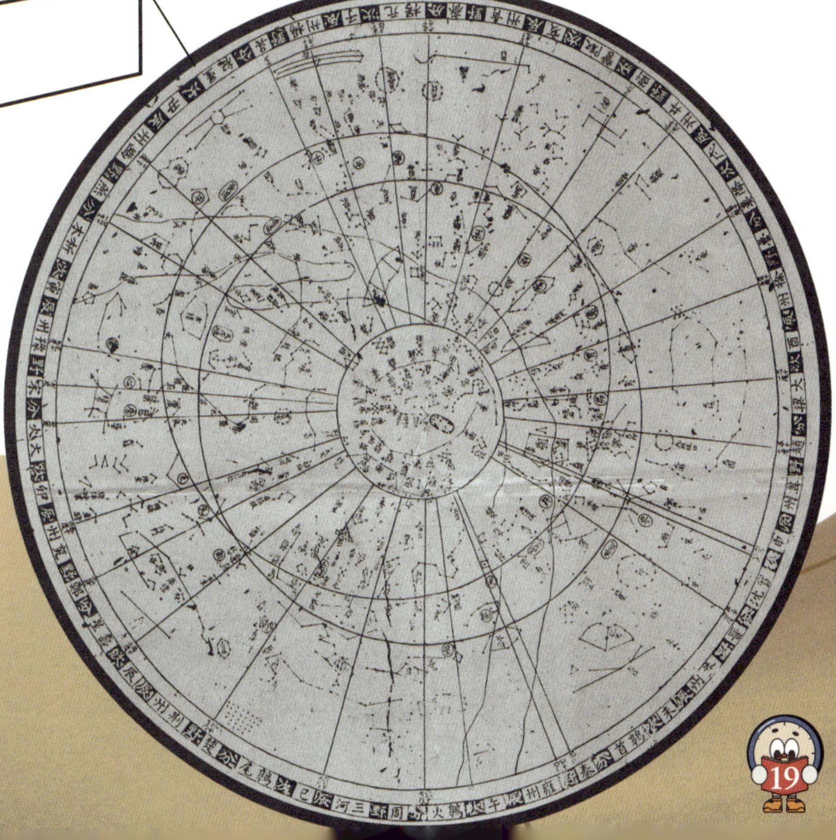

《天文图》

浑仪

古人为了进行更准确的天文观测，制造出了浑仪。它不仅可以准确测量星星的位置，还能观星象，并且具有测时的功能。

浑象

浑象是一种演示天体运动的仪器，可以用来直观、形象地展现出日、月、星辰的相互位置和运动规律。

金嵌珍珠天球仪

清代乾隆年间制作的金嵌珍珠天球仪（浑象），天球表面以阴刻及珍珠镶嵌的方式布列星象图，每颗珍珠代表着天上的一颗恒星。

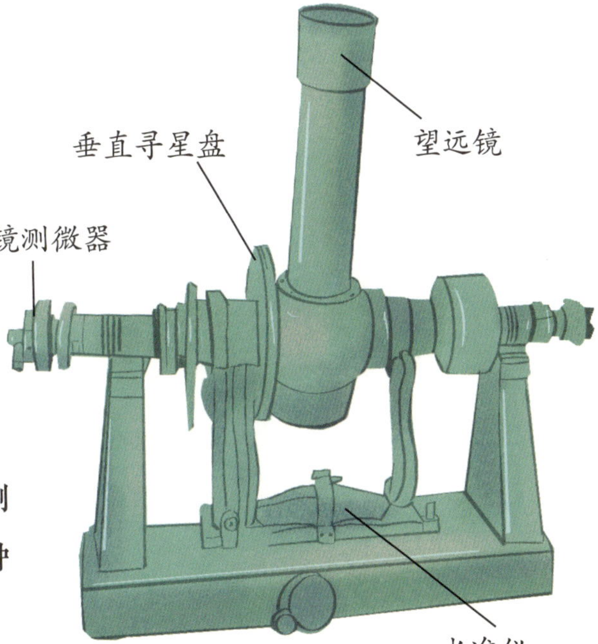

中星仪

中星仪是现代天文观测仪器，可以精确地测定各种天体经过上中天的时刻。

*上中天，是该天体在最高点的位置，也是该天体最接近天顶（头顶正上方）的时刻，此处受到地面光线和大气层折射干扰最小。

太阳钟

立表见影　视影知时

太阳钟是通过太阳的投影方位和长短来指示时间和节气的仪器。

圭表

圭表诞生于我国古代，是一种古老的测量日影长度的天文仪器，由直立的竿（表）和一把南北方向水平放置的尺（圭）组成。通过观察太阳光投射的竿影影长和变化规律，来测定午时和四时节气。

*《夏至致日图》描绘了古代先民用圭表测量日影以确定夏至的情景。

汝阴侯圭表

汝阴侯圭表，现收藏于安徽省阜阳市博物馆。1977 年，在安徽省阜阳市西汉汝阴侯夏侯灶墓中发掘出一件“不知名漆器”。经过多年的研究，发现这件物品竟然是世界上现存的年代最早且具有确定年代的天文测量仪器。它的精妙之处在于春分、夏至、秋分、冬至四个重要节气日影所在的位置不是用刻度来表示的，而是暗含在木块和漆器上的一些特殊图案和位置中。

仪征铜圭表

1965 年，在江苏省仪征汉墓中发掘出了一件铜圭表。它是一种小型折叠式可携带的圭表，现收藏于南京博物院。

圭表测定节气

在我国古代，圭表最重要的作用就是测定节气。由于地球的公转，一年中正午时刻的日影长度并不一样，夏至最短，冬至最长。根据正午时表影的长度，可推定四时节气。

* “四时”指的就是四季——春、夏、秋、冬。

观测方法

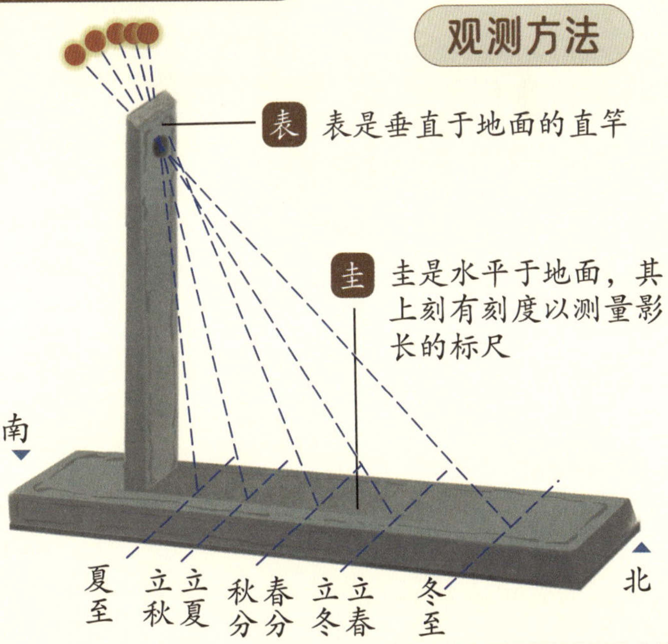

圭表测定方向

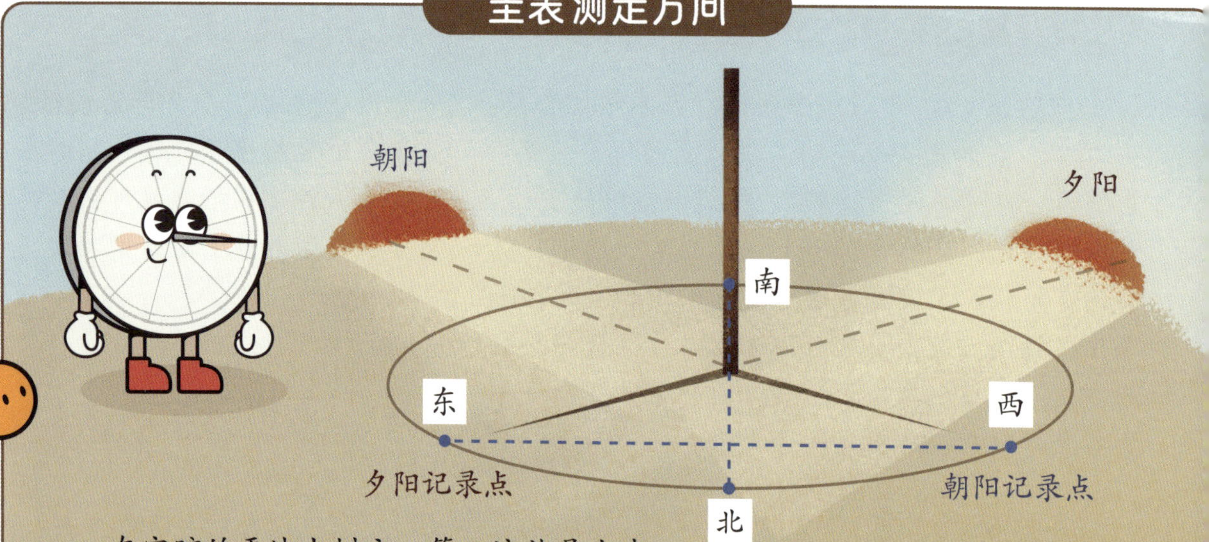

在空旷的平地上树立一竿，这就是土圭。以竿为中心在地面画圆周，再测出日出、日落时竿的影子与圆周的交点，然后将它们连接起来，就可以确定方向。

陶寺古观象台

位于我国山西省的陶寺古观象台很可能是帝尧时期的天文台，距今 4100 年左右。观象台由 13 根立柱和 1 个观测点组成。天文学家推测，古人通过这些立柱形成的 12 道缝隙观测日出方向，确定对应的节气时令，从而安排农耕。

什么是二十四节气？

在古代，中国人把一年四季分为二十四节气，根据地球和太阳的运转关系，以太阳在黄道上位置的移动变化为标准，分为24段，当太阳到达每段特定位置时，就对应一个节气。

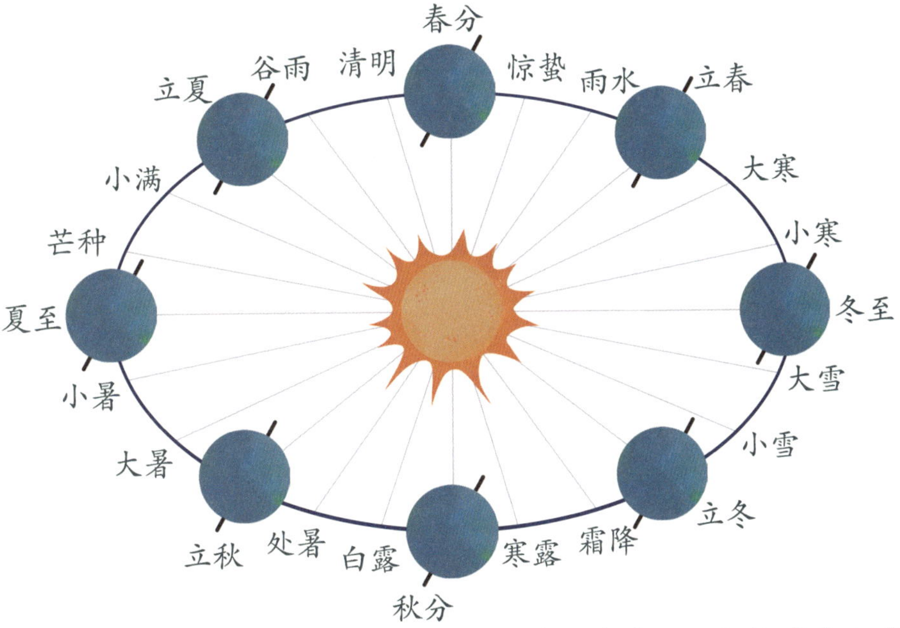

*太阳在天空中的运行轨道称为“黄道”。

英国巨石阵

位于英国伦敦西南的巨石阵可能是古代外国人的“观象台”，通过观测日出、日落等天象以定节气时令，与中国陶寺古观象台有异曲同工的作用。

登封观象台

也称登封观星台，位于河南省郑州市登封市的登封观星台由我国元代天文学家郭守敬主持建造。我国古代圭表的一般形制是“表高八尺”，而登封观星台则像是一台放大的圭表，“表高四十尺，圭长一百二十八尺”。通过观测日影的变化规律来制定历法，由此制定的历法更加精密。时至今日，冬至、夏至测日影这个古老活动仍在登封观星台如期举行。

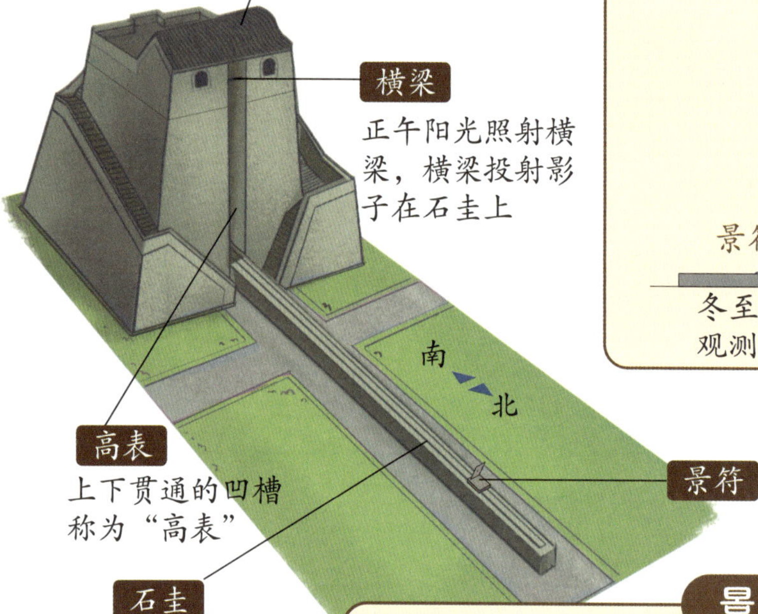

观象台观测方法

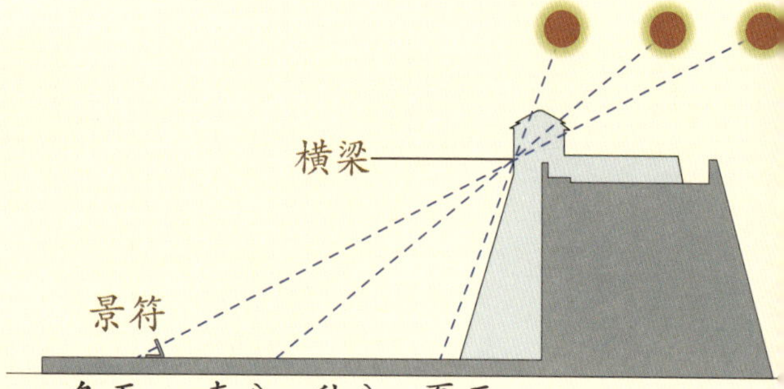

景符观测方法

测影时，横梁的影子在圭面上投射得不是很清楚，这会影响测量的精确度。为了观测准确，郭守敬又创制了“景符”。这是一个可以移动的铜片，中间有小孔，放于横梁在圭面上的投影前面。利用小孔成像原理，同时获得横梁和太阳的像，以横梁平分太阳像的位置为准，使表影测量精度大大提高。

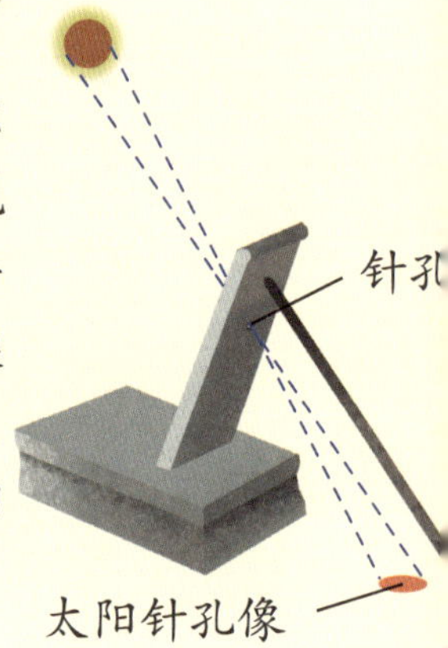

郭守敬（1231—1316年）

郭守敬是元代著名的天文学家、数学家和水利专家。为了纪念郭守敬对天文学的杰出贡献，国际天文学会将月球上的一座环形山命名为“郭守敬环形山”，国际小行星中心将“小行星2012”命名为“郭守敬小行星”。

得益于观象台的观测数据，郭守敬编修的《授时历》是我国古代最精密和使用时间最久的一部历法。在这部历法中，以365.2425日为一年，距近代观测值365.2422仅差25.92秒。

《授时历》

“天地之中”概念的来源

古人认为：大地是一个平面，而天像一个盖子一样笼罩着大地。既然天地为“圆方”，那么便有中心可寻。以此为依照，人们逐渐找到了“天地之中”的概念。我们对自己国家的称呼——“中国”，足以证明这一观念影响之深远。

西安小雁塔日晷

西安小雁塔日晷，1976 年出土于西安市新城广场，现收藏于西安博物院。日晷是圭表的升级版。下面以西安小雁塔日晷为例，来具体认识一下日晷吧！

日晷是一种利用日影测得时刻的仪器，又称“日规”，其原理就是利用一天中不同时刻太阳投影方向的变化来测定并划分时刻。日晷通常由晷针和晷面组成，它不但能显示一天之内的时刻，还能显示一年之中的节气。利用日晷计时是人类在天文计时领域的重大发明，这项发明被人类沿用达几千年之久。

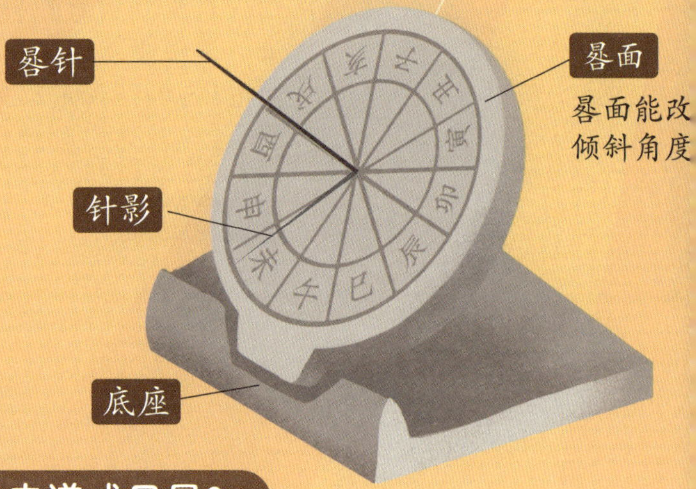

什么是赤道式日晷？

赤道式日晷是日晷家族中最常见的一种。其晷面平行于赤道面，晷面上的刻度等分，晷针与地轴平行，仰角是当地的地理纬度，北半球的晷针指向北天极。

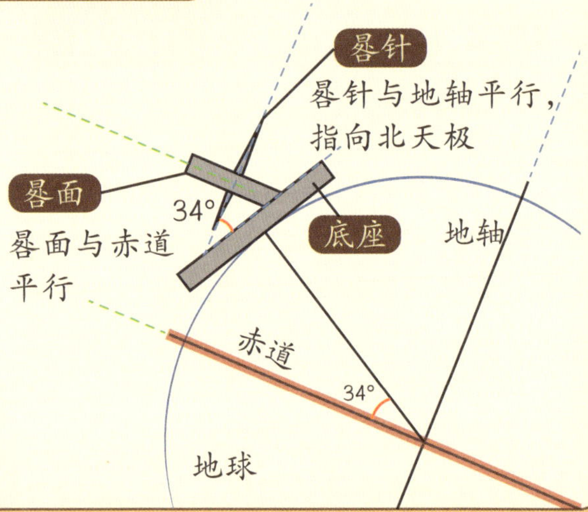

日晷时刻示意图

晷面上标有十二时辰，用十二地支表示。一个时辰相当于现在的两小时。每个时辰分“初”“正”两格。事实上，戌时到寅时的夜晚，日晷是无法指示时间的。

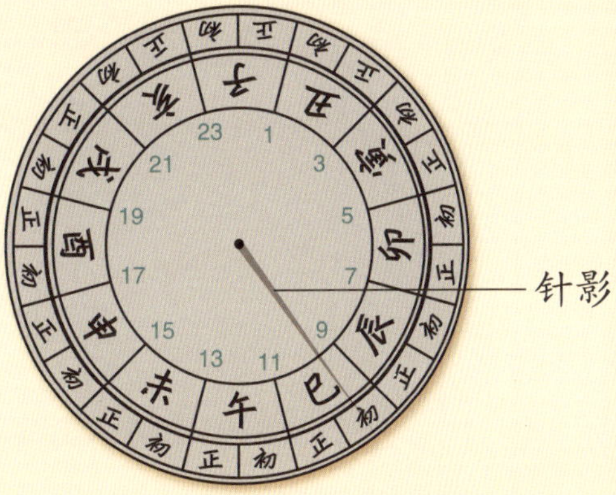

十二时辰时刻对照表

地支时间	今日时间	地支时间	今日时间	地支时间	今日时间
子时	23:00—1:00	辰时	7:00—9:00	申时	15:00—17:00
丑时	1:00—3:00	巳时	9:00—11:00	酉时	17:00—19:00
寅时	3:00—5:00	午时	11:00—13:00	戌时	19:00—21:00
卯时	5:00—7:00	未时	13:00—15:00	亥时	21:00—23:00

子初	23时	卯初	5时	午初	11时	酉初	17时
子正	0时	卯正	6时	午正	12时	酉正	18时
丑初	1时	辰初	7时	未初	13时	戌初	19时
丑正	2时	辰正	8时	未正	14时	戌正	20时
寅初	3时	巳初	9时	申初	15时	亥初	21时
寅正	4时	巳正	10时	申正	16时	亥正	22时

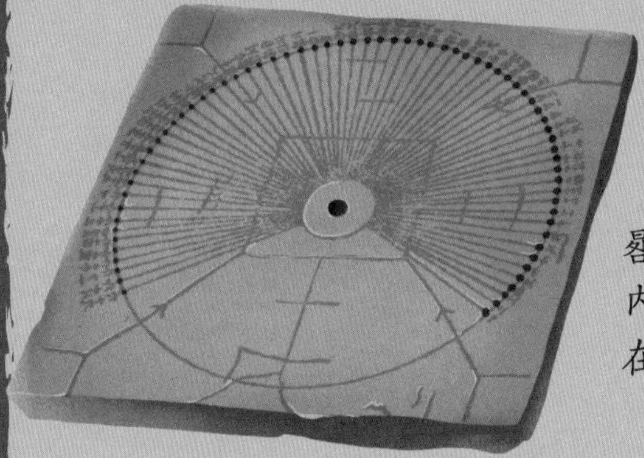

托克托日晷

中国目前发现的最早的日晷是汉代石日晷，是1897年在内蒙古的托克托县发现的，现在存放于中国国家博物馆。

清代新法地平日晷

清代新法地平日晷为顺治元年（1644 年）德国传教士汤若望向顺治皇帝敬献的贡品，现收藏于北京故宫博物院。清代新法地平日晷对当时中国人掌握地平式日晷的原理及制晷技术起到了促进作用。

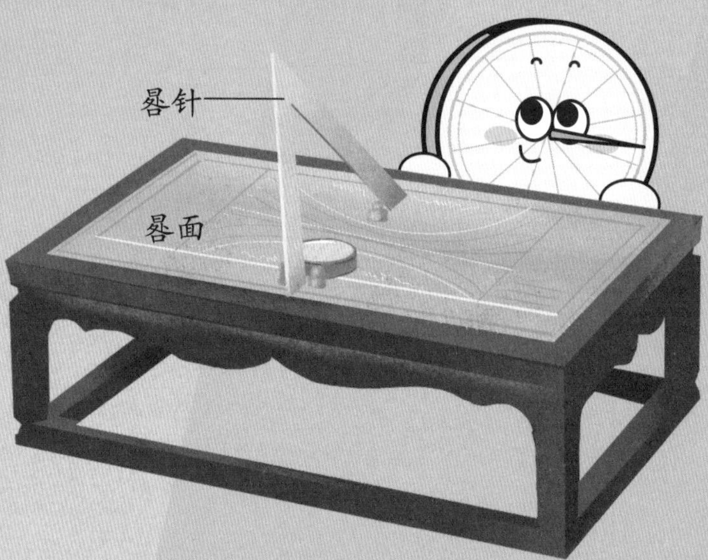

什么是地平式日晷？

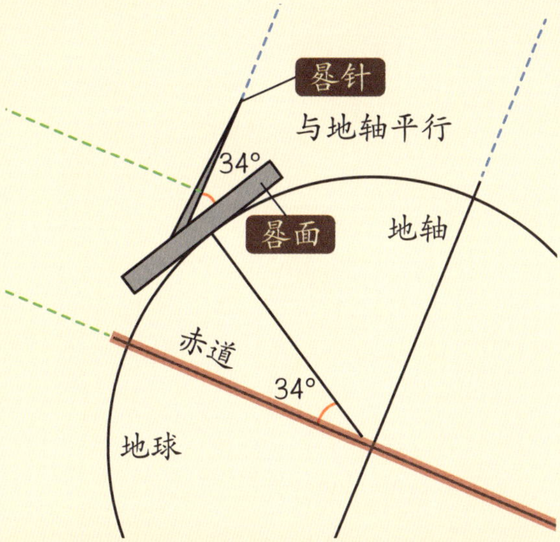

地平式日晷的晷面必须严格水平，通常晷针与地轴平行，晷面和晷针之间的夹角就是当地的地理纬度。也有立针式地平日晷，晷针指向天顶。

其他形式的日晷

在世界上不同的地区，曾经也有利用太阳光影进行计时的情况。

巴塞罗那街头的垂直式日晷

什么是垂直式日晷?

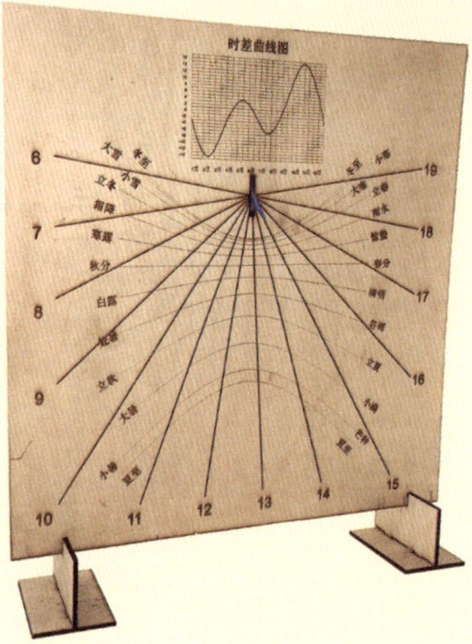

垂直式日晷也称“立晷”，是晷面垂直于地平面的日晷。

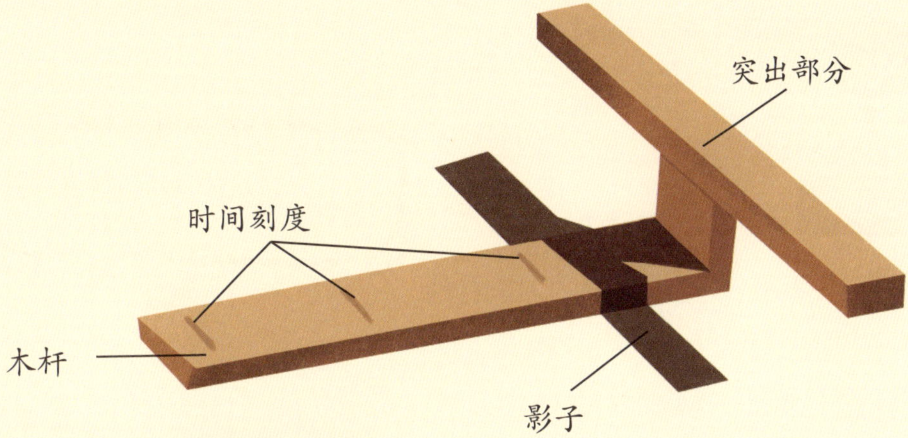

古埃及影钟

影钟最简单的装置是在一根木杆或象牙杆上面标上时间刻度，尾部有个突出的部分，与木杆或象牙杆形成90° 的折角。太阳光照射在突出部分时，会在杆子上留下影子，再根据影子顶端所处木杆上的时间刻度获取时间。

方尖碑

约公元前2300年，古埃及人为了纪念太阳神，建造了许多高大细长、有四个面的纪念碑，它们被称为方尖碑。这些石碑的影子会随着太阳在天空中的移动而发生改变，已经具备了某种日晷的功能。

火钟

烧香知夜　刻烛验更

下面让我们一起看看火钟都是什么样的吧。

在古代，夜里漆黑一团时，人们是用什么来计时呢？闪动的篝火给了人们启示。人们发现，一定数量的同一种燃料维持燃烧的时间大致相同，于是想到用火的燃烧来计时的方法，就发明了火钟。

蜡钟

蜡钟又叫“定时蜡”，燃烧时，只要周围环境变化不大，燃烧消耗蜡烛的速度就基本均匀。它侧面标有刻度，可以用它来计时。

在蜡烛上插几根钉子，当蜡烛烧到钉子的位置，钉子就会掉落在金属托盘上，发出声响，提醒人们到了特定的时间。

香钟

将香料加可燃物制成条形或盘形的燃香，其燃烧速度基本均匀。用燃香计时的装置称为香钟，又称香漏。

香钟可以用来记录不同的时长，比如一个时辰、十二个时辰……

屏风香漏

郭守敬制作的供皇室日常使用的屏风香漏，将香巧妙地安置在屏风之中，以燃香的形式来计时。把香放入屏风中，大抵是为了保持燃烧时空气流的稳定，并通过燃香的长短所对应的刻度来计时。

龙舟香漏

龙舟香漏是在一件龙舟形的盛器上放着一支或几支点燃的香，香上横放数根两端系着金属球的线，每隔一段时间，香便会烧断一根线，使金属球落入下面的铜盘上，发出响声，报告时间。龙舟香漏在当时也被称为“火闹钟”，这大概是人类历史上最简单的闹钟了。

香篆钟

香篆钟用于焚烧，可将不同香材研磨成粉，添于印模之中，脱出各种样式图案的香篆。它既有一定的燃烧时间，又有美好寓意。这种香篆钟，不仅是计时器，还是空气清新剂和夏秋季的驱蚊剂，在民间广为流传。

“福”字香篆钟

油灯钟

在周围环境变化不大的情况下，油灯燃烧的速度是基本不变的，因此可用油灯油瓶里灯油下降的刻度来指示时间。

使用火钟时需要人们定期看管，有一定的局限性，这促使人们继续探索研制更精确的计时器。

一炷香的时间到底是多久？

“一炷香”是古代计时的单位，即以香的燃烧耗尽来计时。因为一炷香的长度不同、材质不同、燃烧环境不同，所以其燃烧耗尽的时间也不同。一炷香的时长大约是15分钟到1小时。

水钟

孔壶为漏　浮箭为刻

水钟是中国古代最主要的计时工具，也称为“漏刻”。水钟最先是泄水型，后来为泄水型与受水型同时并用或二者合一。

＊“泄水型”指的是利用水位下降的刻度变化来计时。

＊“受水型”指的是利用水位上升的刻度变化来计时。

千章铜漏

千章铜漏是沉箭式泄水型漏刻，水从漏壶孔流出，漏壶中的箭尺随水位下降而下降，箭尺上的刻度指示时刻。

千章铜漏于1976年在内蒙古伊克昭盟（今鄂尔多斯市）杭锦旗出土，现藏于内蒙古博物院。

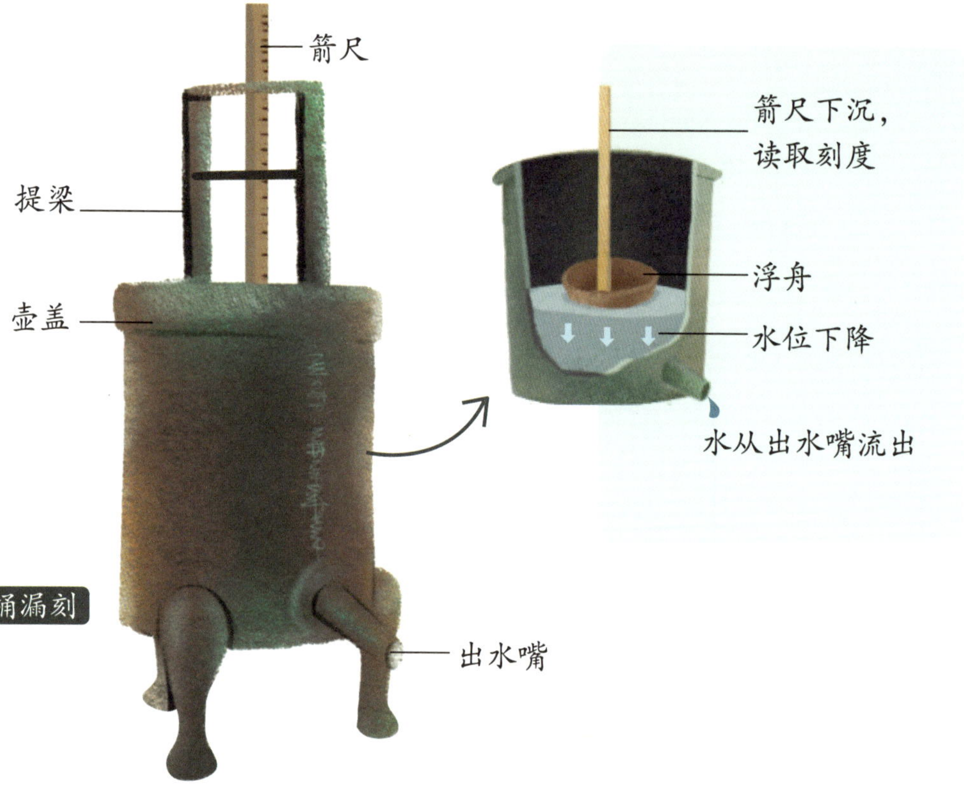

单桶漏刻

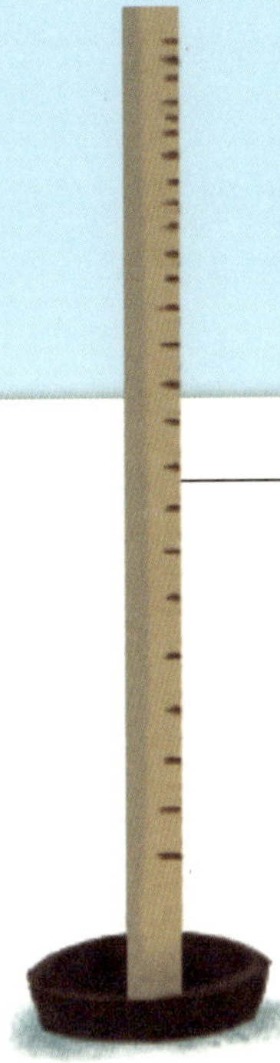
箭尺

百刻制的出现

百刻制的产生与漏刻的使用有关。古人把一昼夜分为100刻，在漏壶箭尺上刻100格。折合成现代的计时单位为：

1刻=14分24秒

“百刻制”是我国最古老、使用时间最长的计时制。

箭尺的刻度为何不均匀？

壶中的水位随着滴漏的时间增加而下降，而在水位下降的过程中，滴漏的速度也发生了变化，因此箭尺上的时刻标志是不均匀的，以此来抵消滴漏速度的变化。

后来为提高计时精度，人们也对漏刻进行了“升级改造”。

由于漏刻的使用，所以“刻”作为一种时间单位诞生了。漏刻可以告诉人们更加准确的时刻。漏刻的“百刻制”与“十二时辰计时”并用，使得我国古代的计时制度趋于完善。

多级漏刻

多级漏刻一般为浮箭式受水型，箭尺在最末一级的受水壶中，随水面上升指示时间。多级漏刻通过逐级水位补偿，流入受水壶的水流相对均匀，计时精度大大提高。

双壶浮箭漏

二级补偿式浮箭漏

李兰秤漏

秤漏是5世纪时北魏道士李兰创制的一种特殊的漏刻，故称“李兰秤漏”。它是一种与滴漏原理不同的漏刻，是通过使用杆秤称量受水桶中水的质量来进行计时的仪器。秤漏利用虹吸原理，通过一根铜质细管把供水桶的水引入受水桶中。这根铜质细管叫作虹吸管，古时称为“渴乌”。

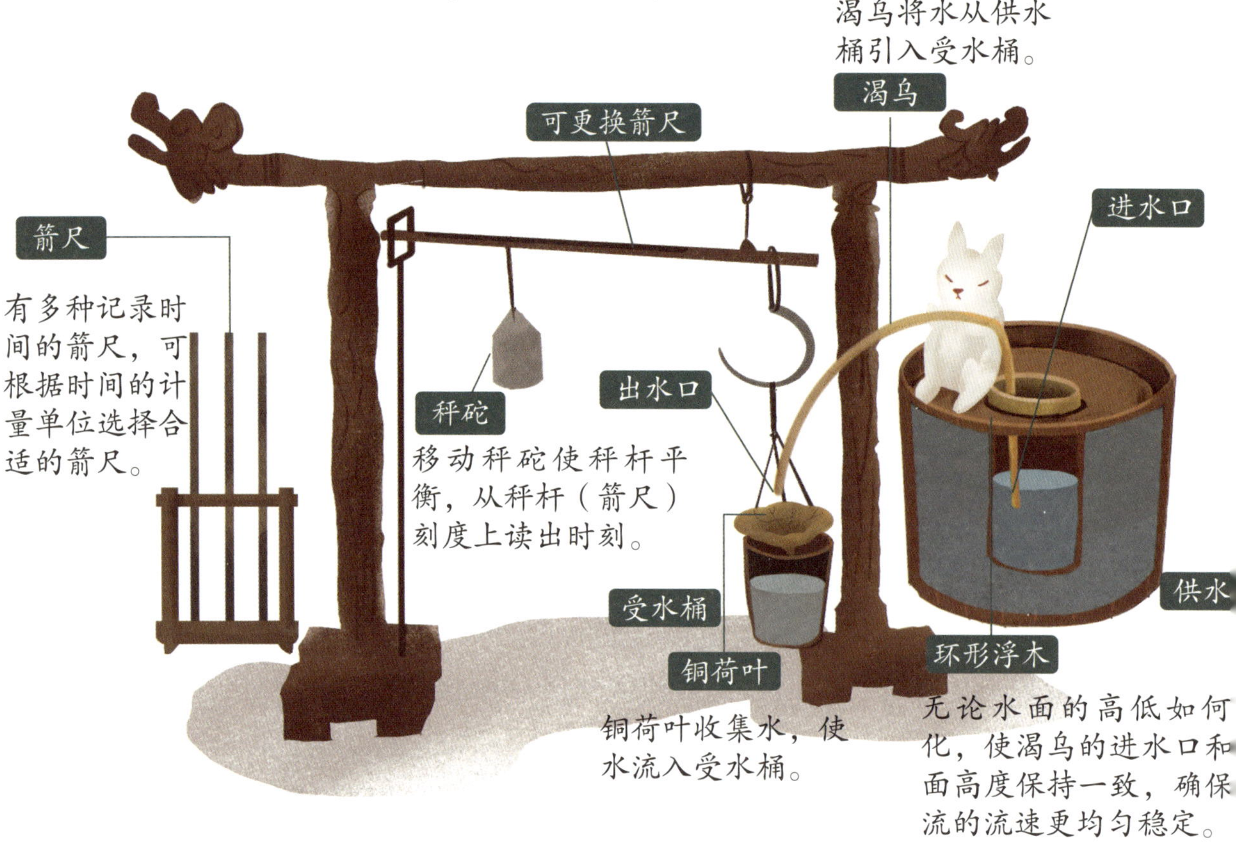

隋唐时期秤漏风靡全国，人们使用日晷校准，放在谯楼之上，并设有专人轮值测时、报时，通过钟、铮、鼓、角等设备将时间播送至全城。经过长期观察，人们得出计时方法：漏水一升，称重一斤，时经一刻。直到北宋燕肃莲花漏出现，秤漏才被替代。

唐代吕才漏刻

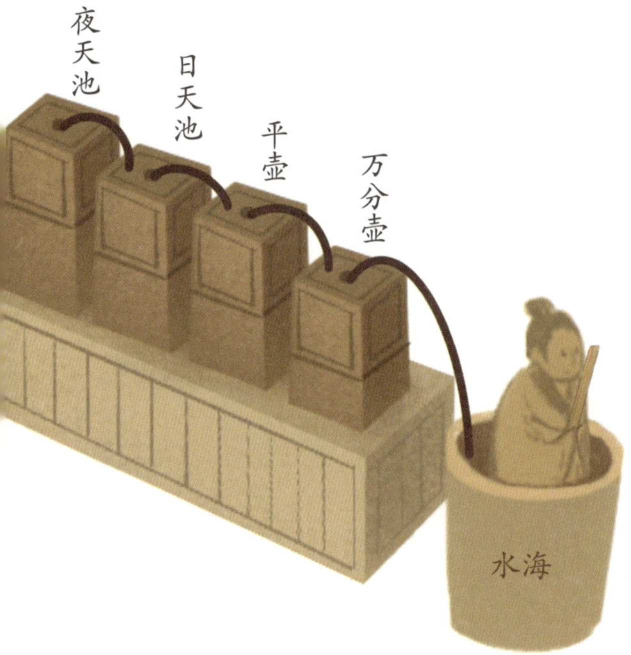

到了唐代，吕才将泄水壶数增加到四个，从此四级漏壶诞生了。它以逐级补偿的方式，保证万分壶内的水位在一昼夜之内基本不变，从而使得水流的流速平稳。

观察笔记

- “虹吸现象”科学小实验。材料准备：3个有深度的水杯，可弯曲吸管1根。

实验一

两杯水一高一低，杯中水量不一致，将吸管充满水，堵住两端，将一端塞进水多的水杯中后，观察两杯水的变化。

实验二

两杯水持平放置，杯中水量不一致，将吸管充满水，堵住两端，将一端塞进水多的水杯中后，观察两杯水的变化。

- 看一看吸管入水口进入水中的深度变化时，吸管出水口的水流流速有没有变化。

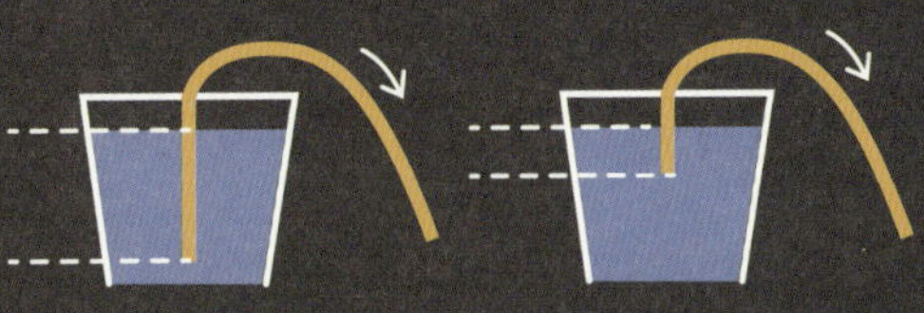

燕肃莲花漏

北宋科学家燕肃在研究前人漏刻的基础上，设计了两级供水壶加一个受水壶的莲花漏。首次采用分水壶的漫流系统，使次级供水壶水位保持恒定，保证了受水壶的水位均匀增加。

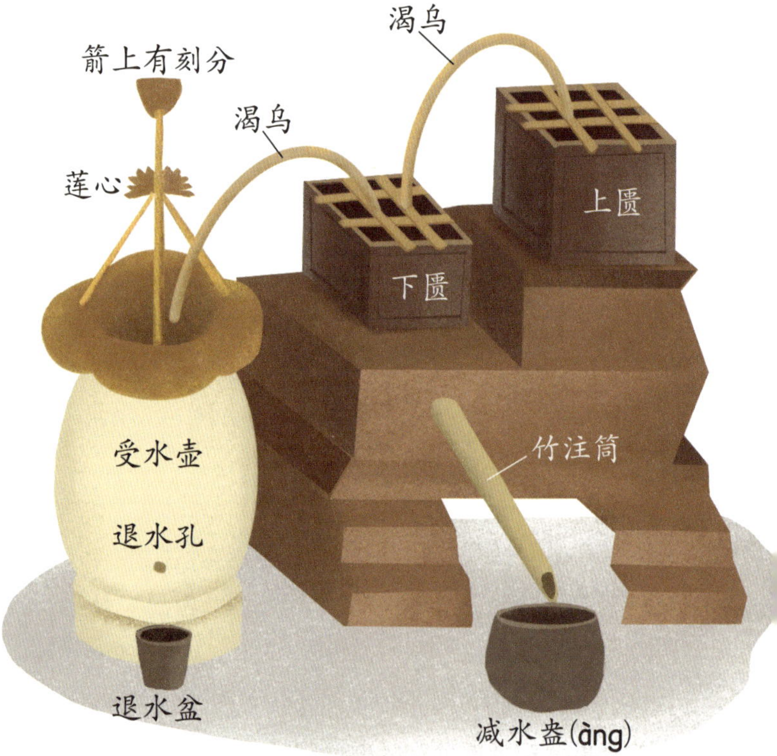

莲花漏只需要两级漏水壶就可以保证漏刻的计时精度。

分水壶漫流系统

莲花漏中的减水盎就是分水壶。分水壶的出现，从根本上解决了漏壶水面稳定性的问题。

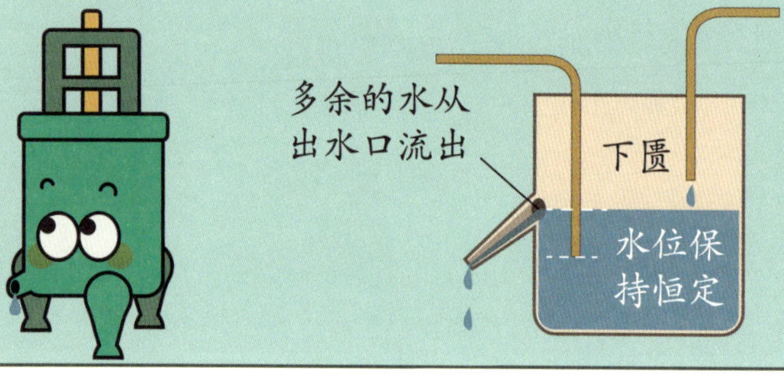

延祐铜壶滴漏

铜壶滴漏是浮箭法多级漏壶，由四级漏壶组成，台阶式放置，水由上而下滴入受水壶，受水壶中的水随着时间的推移而均匀增加，箭尺就可以指示当时的时间。

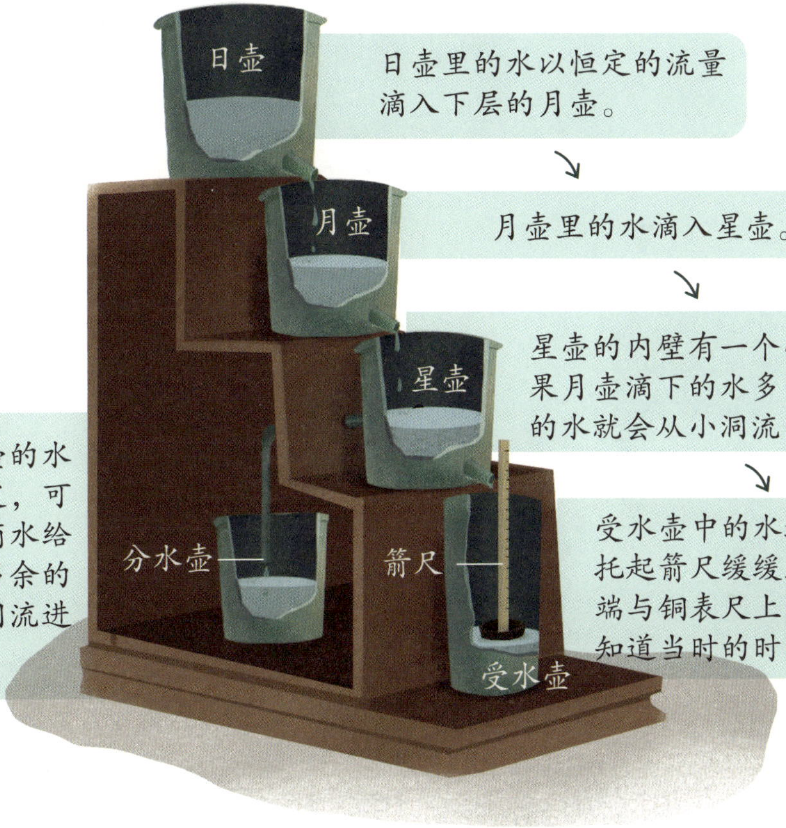

日壶里的水以恒定的流量滴入下层的月壶。

月壶里的水滴入星壶。

星壶的内壁有一个小洞，如果月壶滴下的水多了，多余的水就会从小洞流出。

为了使星壶的水量保持恒定，可以均匀地滴水给受水壶，多余的水会从小洞流进分水壶。

受水壶中的水逐渐增加，浮舟便托起箭尺缓缓上升。将箭尺的顶端与铜表尺上的刻度对照，就可知道当时的时间。

元延祐三年铜壶滴漏

延祐铜壶滴漏制作于元代延祐三年（1316年），从制成之日起一直被使用到1900年前后，历时将近700年，是我国现存最早、最大、最完整的铜壶滴漏。

中国古代漏刻演化过程

漏刻也经历了由简到繁，日趋精确的过程。

1 单壶沉箭漏(先秦)

2 双壶浮箭漏(西汉初)

最早的浮箭漏壶是单级的，由泄水壶和受水壶两只漏壶组成，受水壶中放箭尺，箭尺上升读取刻度。这被称为“浮箭法”。

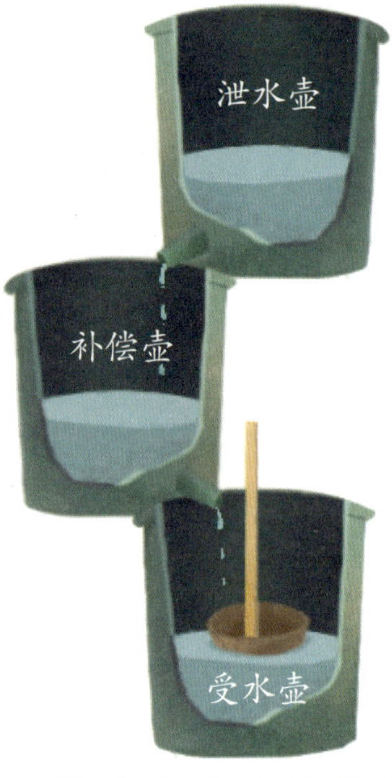

3 二级补偿式浮箭漏（东汉初

经过多年实践，人们在泄水壶和受水之间增加了一只补偿壶，使补偿壶在向受壶供水的同时，又能不断得到泄水壶流进的水的补充，从而使补偿壶的水位保持相稳定，于是制作出了二级补偿浮箭漏壶。

4 四级补偿式浮箭漏（初唐）

到了唐代，吕才又将泄水壶数增加到四个，从此四级漏壶诞生了。它以逐级补偿的方式，保证万分壶内的水位在一昼夜之内基本不变，使得水流的流速平稳。

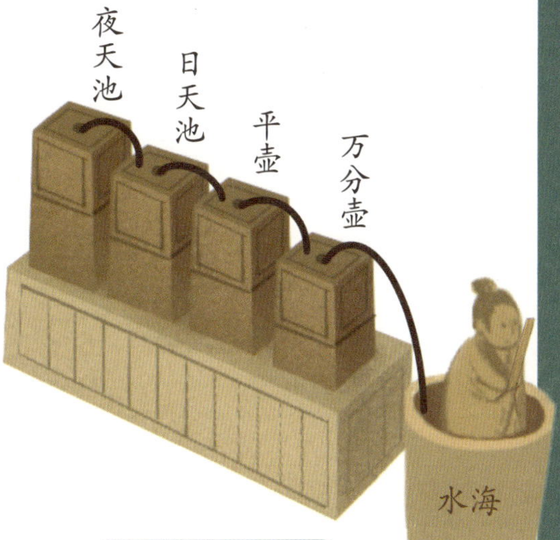

唐代吕才漏刻

宋代燕肃莲花漏

5 漫流平水式莲花漏（北宋）

古人为了提高计量精度，发明了分水壶(减水盎)。莲花漏中间一级漏壶上方开有分水孔，使多余来水从分水孔溢出，从根本上解决了漏壶水面稳定性的问题。

6 漫流平水补偿混合型浮箭漏（南宋、元、明、清）

水运仪象台

水运仪象台是北宋时期由苏颂领导创制的一座以水力为动力，集计时报时、天文观测和星象显示三项功能于一体的大型天文钟，是北宋科技发展高峰的重要标志，也是世界上最早的天文钟。水运仪象台在构思上广泛吸收了以前各种仪器的优点，在机械结构方面，采用民间使用的水车、筒车、桔槔、凸轮和天平秤杆等机械原理，把观测、演示和报时设备集中起来，组成了一个整体，成为一部自动化的天文观测设备。

脱摘板屋

脱摘板屋有活动的屋板，雨雪天气时闭合，防止侵蚀仪器，观测时可以自由拆开。

浑仪

浑仪是古代天文测量天体的仪器。

浑象

报时装置

报时装置有五层木阁，利用木人敲击出不同的声音来定时报时，利用举牌木人来显示时刻。

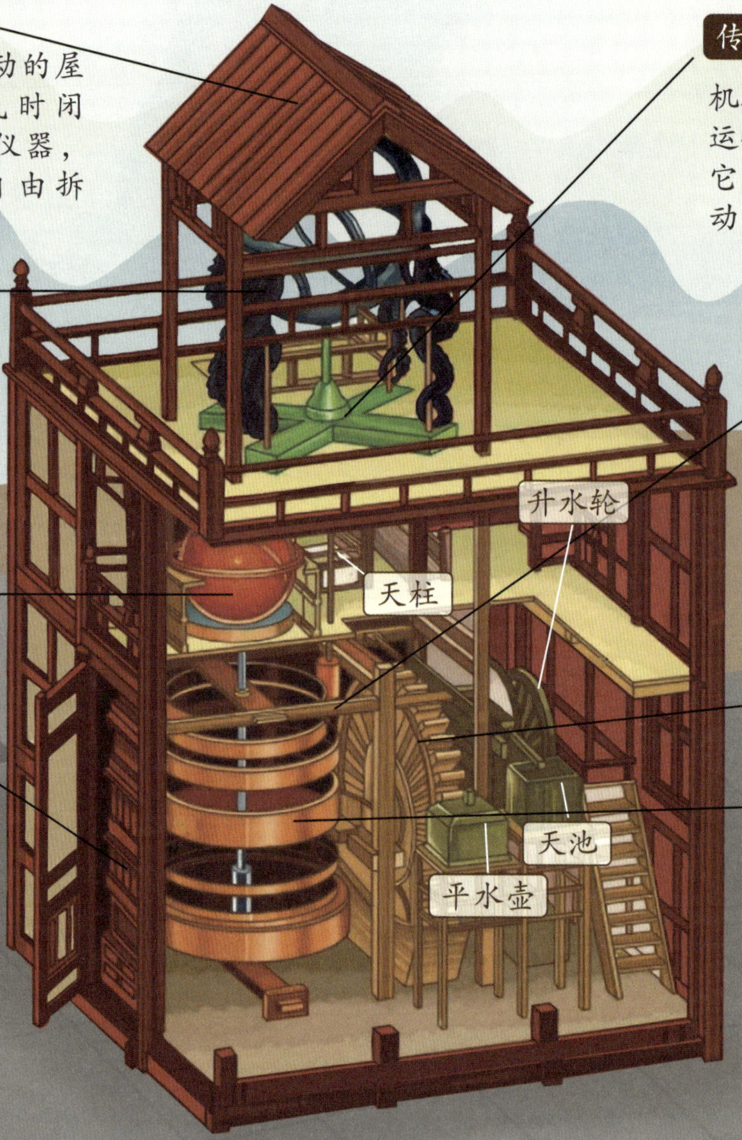

传动系统

机械传动系统就像是运仪象台的“神经”它的运行依靠水力动。

天衡系统

天衡系统对枢轮的擒纵起到控制作用，使以水力推动的枢轮能等速均匀地运转。

枢轮

昼夜机轮

苏颂 （1020—1101年）

中国北宋杰出的天文学家、天文机械制造家、药物学家，他开启了近代钟表擒纵器的先河。因其对科学技术，特别是天文学和医药学方面的突出贡献，故而被称为“中国古代和中世纪伟大的博物学家和科学家之一”。

《新仪象法要》是苏颂为水运仪象台所作的设计说明书，是一部具有世界意义的古代科技著作。

《新仪象法要》

大明殿灯漏

郭守敬在研究了水运仪象台后，去除了天象部分，保存了计时部分，从而创制了大明殿灯漏。它是一台以水为动力的精密机械时钟，是世界上最早脱离了天文仪器的独立自鸣钟。

*“自鸣钟”指的是一种能按时自击，以报告时刻的钟。有时亦泛指时钟。

现代天文台开闭圆顶的雏形

水运仪象台的顶部遮挡浑仪的挡板是可拆卸的设计，虽然简单，却极其实用。尽管现代天文台可自由闭合的圆顶更精巧，但其核心用途与水运仪象台的挡板相同。

现代天文台可开闭圆顶

机械钟表核心——天衡系统（擒纵机构）

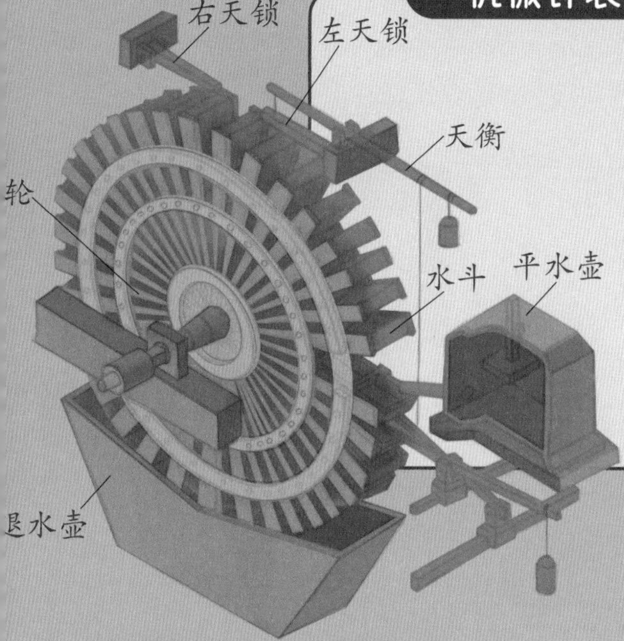

天衡系统原理图

水运仪象台有一套非常先进的齿轮传动系统——天衡系统，这是计时机械史上的一项重大创造，它把枢轮的连续旋转运动变为间歇旋转运动。天衡系统是现代机械钟表的核心，它被公认为世界天文钟的“鼻祖”。

转仪钟的祖先——传动系统

水运仪象台建立了自动天文观测装置，昼夜机轮和天柱系统带动浑象与浑仪实时转动。浑象一昼夜自转一圈，不仅形象地演示了天象的变化，也类似现代望远镜的自动跟踪装置——转仪钟。

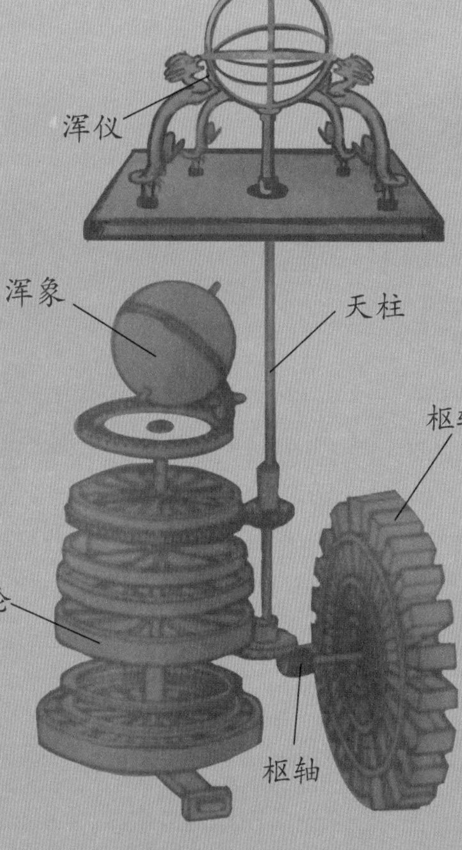

传动系统原理图

机械钟

弦轮密运　针表相交

机械钟是人类智慧的结晶，它是通过机械运动来指示时刻的装置。为了使人更加直观地看到时间，机械钟安装上了钟面和指针，使时间有了形象化的展示。

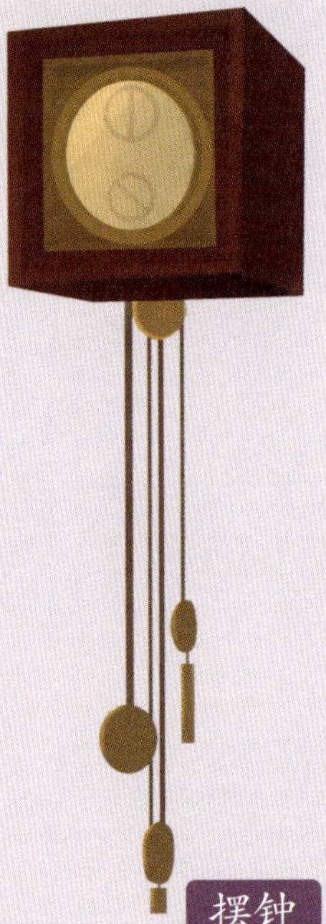

摆钟

摆钟是利用摆的等时性原理，以摆作为振动系统的机械钟，通常采用重锤重力或发条弹力为钟摆的补充能量。

摆钟

摆钟的时间信号是如何传递给表盘的？

这要归功于被称为钟表“心脏”的擒纵机构。钟摆通过擒纵机构获取往复摆动的动力，并在擒纵机构的帮助下控制表盘指针的匀速转动，从而实现指示时间的功能。

一擒，一纵。
一收，一放。
一开，一关。

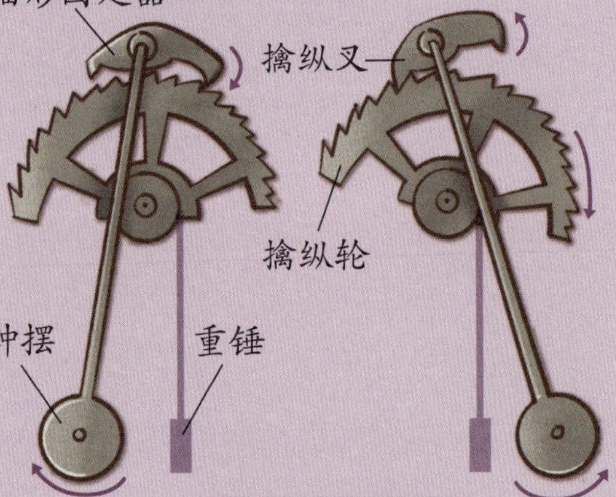

锚形擒纵机构

怀表

在改进了齿轮装置和擒纵器之后，瑞士人设计出了成本相对较低的怀表。由此，怀表进入了寻常百姓家庭。

机械怀表内部的秘密

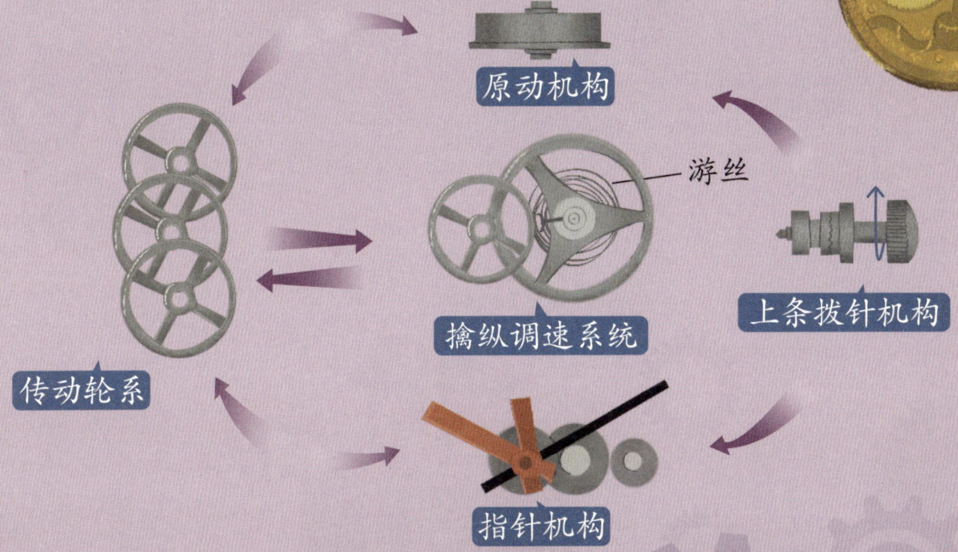

机械手表

手表

19 世纪中后期，人们开始佩戴手表。表带取代怀表的表链，起到了固定的作用。

雪特钟

雪特钟

雪特钟是精密度较高的一种天文摆钟，1921 年由英国人雪特发明。雪特钟主要由主摆和副摆组成，两摆之间用电路连接。

机械钟的演化历程

僧一行、梁令瓒水运浑天铜仪

最早将擒纵器结构运用于计时的仪器。

8世纪

摆轮钟

欧洲最早的一种依
擒纵装置进行守时的
计时器。

13世纪

张衡水运浑象仪

开创了中国古代制造水运自动化天文仪象的先河。

2世纪

苏颂水运仪象台

是水运自动化与擒纵器结构结合的计时和观象的仪器。

11世纪

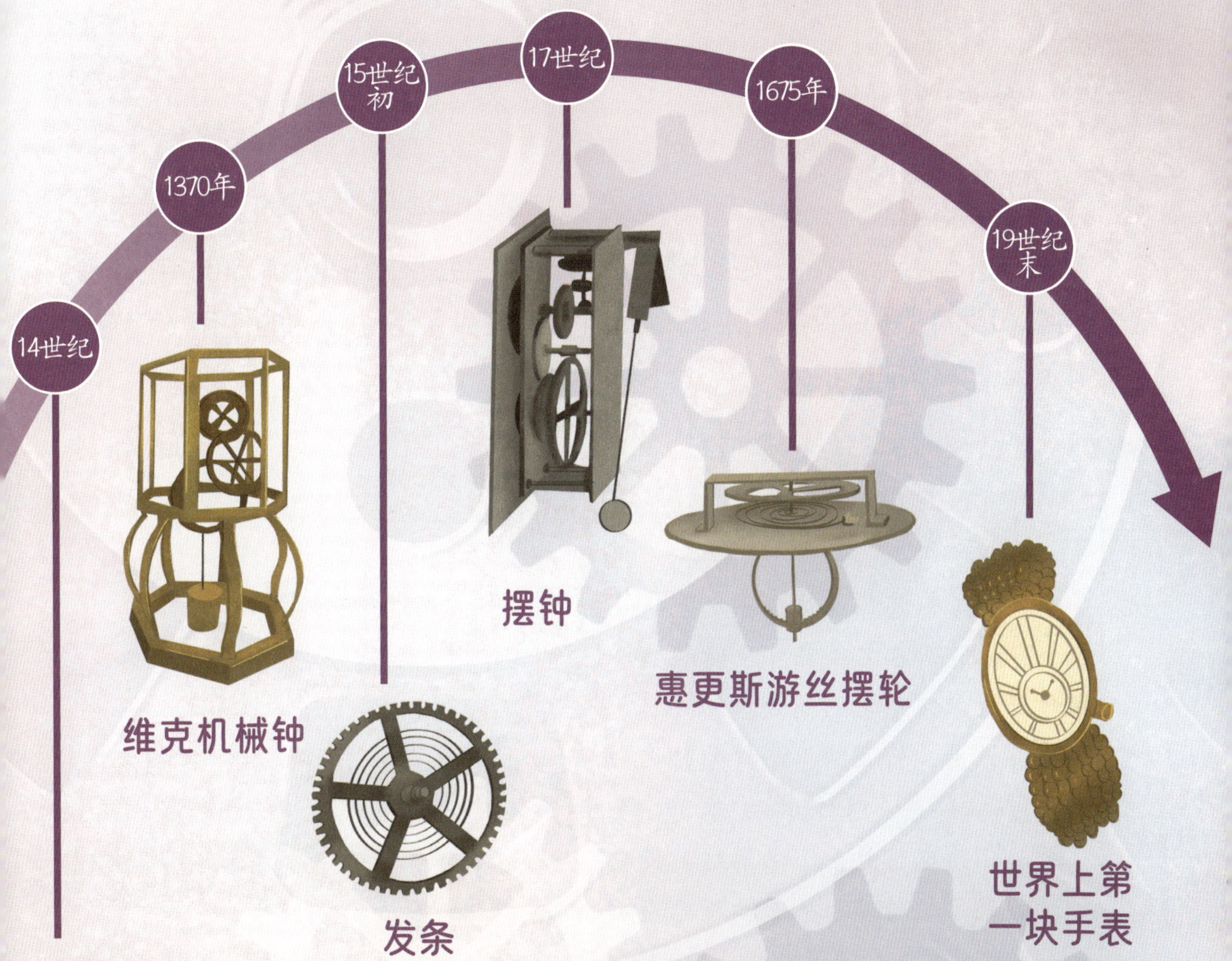

轴与横杆擒纵器

用手表辨认方向的方法

把手表平放，让时针对准太阳，时针和手表表盘上的12时之间的夹角（小于180°的夹角）的平分线所指的方向即为南方。这是北半球的使用规律，也是我们在野外迷路时可以用到的简便易行的方法之一。

石英钟

高频晶振

石英钟是运用电池和石英晶体特性工作的，通过石英晶体调节的电子振荡器来计时。它比机械钟计时更准确，而且大幅减少了运动部件的使用，使它们更加坚固，无须定期维护。

石英钟内部的秘密

电池为芯片电路提供电能。当电压施加在石英晶体上时，晶体产生非常稳定的高频振动（石英晶振），将高频振动信号转化为1赫兹频率（1秒钟振动1次），并转化为电信号，驱动马达，带动指针系统转动，从而精确地指示时间。

为什么使用石英晶体？

石英是地壳中非常常见的矿物质之一，在正负电流的交替作用下，石英晶体能够产生高频振荡，通常1秒钟振动32768次。其振荡能量损耗小、频率极稳定，而频率越稳定则抗干扰能力越强，因此被广泛用于钟表等制作。用石英制成的钟表精度很高，走时很准确。

电波钟

自动校准　秒秒精确

电波钟是在石英钟取代机械钟成为钟表市场主流之后又一钟表业的技术革命性产品，是通过接收国家授时中心的无线信号来确保时间准确性的计时工具。

电波钟的工作原理

天线 → 无线电接收系统 → 微处理器（自动校正） → 驱动器 → 齿轮箱 → 指针

电波钟的特点

电波钟接收无线电长波信号并自动校正石英电子钟表的走时误差，使每只电波钟的走时都受统一精确的时码控制，从而实现所有电波钟高精度地显示时间，并具有一致性。

电波钟信号

中国科学院国家授时中心定时发播低频授时信号（BPC码）。

原子钟

超稳精准

原子钟是利用原子吸收或释放能量时发出的电磁波来计时的。电磁波非常稳定，再加上利用一系列精密的仪器进行控制，原子钟的计时就非常准确了。原子钟为天文、航海、宇宙航行提供了强有力的计时保障。一台原子钟需要数百个电子元器件，经过上千次测试验证才能成功，它的复杂程度远远超出人们的想象，其中凝结着无数科研工作者的心血。

原子钟的核心

原子由原子核和绕核运动的电子组成。原子钟的核心是原子振荡器。因为原子的振荡频率非常稳定，相对于其他计时器，原子钟的时间稳定性更高。

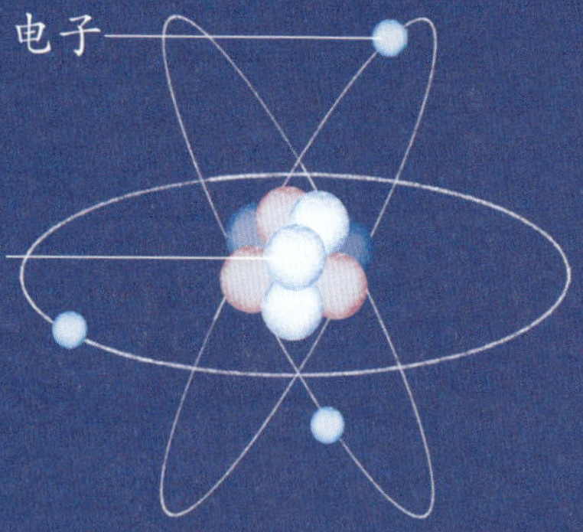

原子结构图

原子钟的种类

原子钟里使用的原子主要有铷、铯、氢等，人们针对不同的用途开发出了不同的原子钟，它们在各行各业发挥着巨大的作用。

铷原子钟

氢原子钟

铯原子钟

铯原子钟又称铯频标，由铯束管、压控晶振、倍频综合链、锁频环路和数字钟等部分组成。2018 年，国家授时中心联合企业，成功研制出激光抽运小型铯原子钟，频率日稳定度可达到 2.5×10^{-14} 量级，频率不确定度为 $\pm1.5\times10^{-13}$ 量级。

国家授时中心联合企业研制的激光抽运小型铯原子钟

原子钟的精度可以达到每3000万年误差一秒钟。

微观世界里的原子振动，能在时间测量技术中带来令人叹为观止的极限精度，为人类探索自然规律，解读宇宙奥秘提供了高稳定度、高精度的时间参考。

星载原子钟

高精度的时间测量是卫星导航系统的基础保障。星载原子钟是北斗卫星导航定位系统的“心脏”，为卫星系统提供了高稳定的时间频率基准。

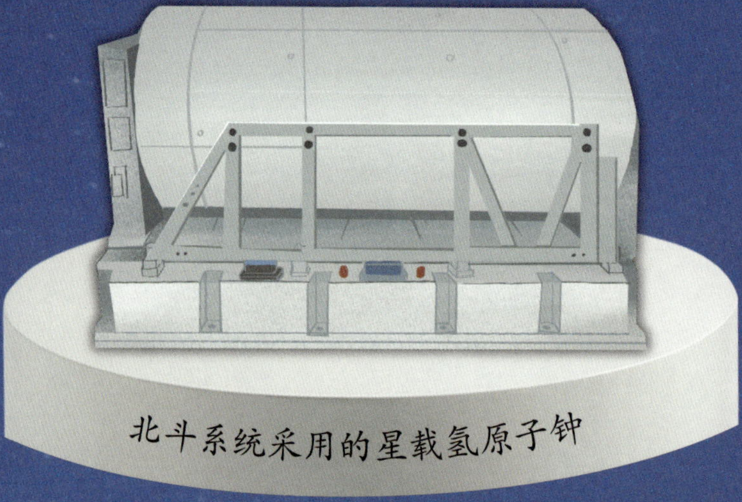

北斗系统采用的星载氢原子钟

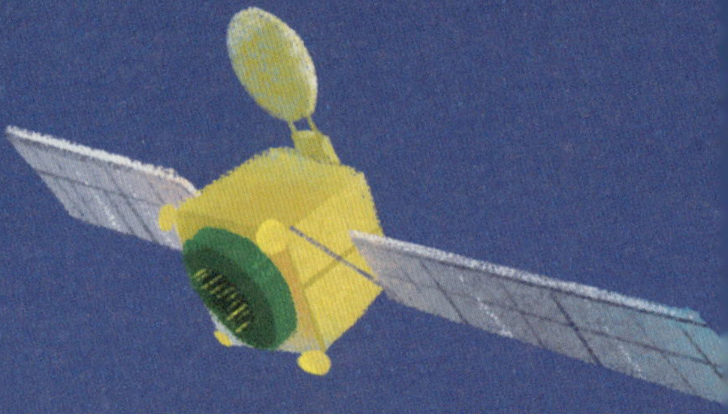

为什么时间在导航定位系统中如此重要？

卫星导航定位系统测量距离的基础是测时，而定轨和定位的前提是各个观测量的时间同步，时间测量越精密，位置解算就越精确。因此，时间同步是卫星导航定位系统建设的关键。

光钟

光钟，是光频原子钟的简称，通过对光学频率的精密控制和光学频率与微波频率的高精度转换，来提供超高精度的时间和频率标准。光钟比传统的微波钟有更高的计时精度。它既可以应用于大地测量中的海拔高度测量，又可以用于监测物理常数随时间的变化等科学用途。

*微波钟是微波频段的原子钟，光钟是光频段的原子钟。

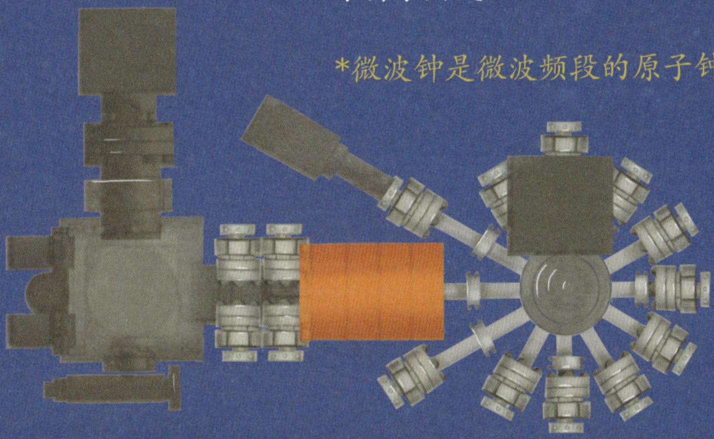

光钟的真空系统

光钟的真空系统内部压力较低，可以避免许多干扰。真空环境中光线具有很好的传播条件，使得光的频率更清晰、数据更可靠。

高精度时频实验柜

高精度时频实验柜是中国空间站的科学实验系统之一，主要由冷原子锶光钟、冷原子微波钟、氢原子钟等单机组成，是梦天实验舱科学实验柜之一。我国科学家利用空间站的微重力环境、较大载荷能力和航天员照料等优势，研制出了高性能的原子钟，以及高精度时频系统，是时间频率研究的制高点。高精度时频系统将对相关基础物理研究和相关工程应用作出重要贡献，也将为我国标准时间和国际原子时精度的提高作出重要贡献。

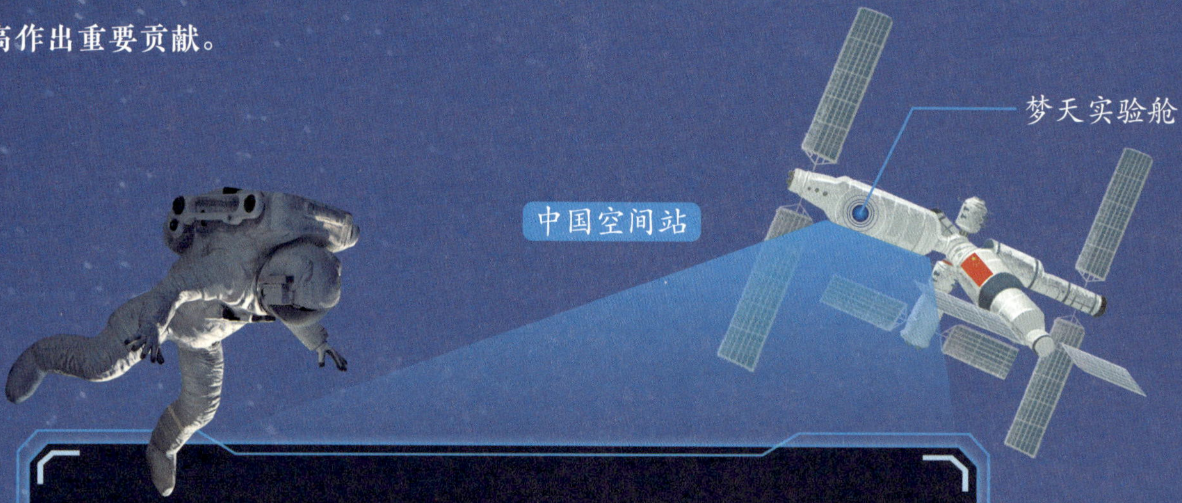

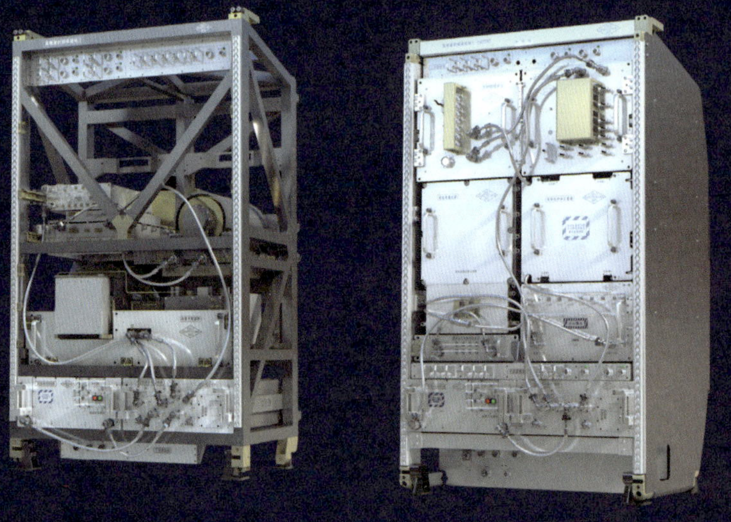

高精度时频实验柜

脉冲星计时

脉冲星是处于太空中的天然计时器，在宇宙中孤独地、极其稳定地转动，持续发射规律性的脉冲信号。它比目前地球上的任何钟表都更加稳定。

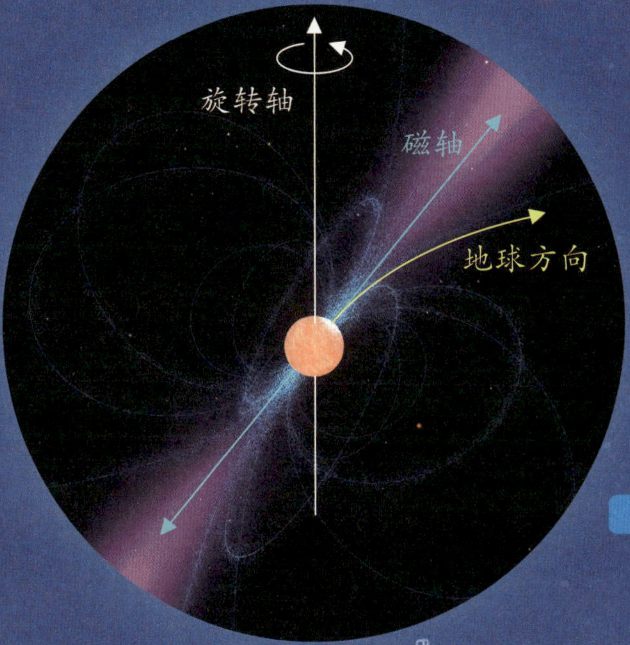

脉冲星

中国天眼看宇宙

中国天眼是目前世界上口径最大、最灵敏、搜寻脉冲星效率最高的射电望远镜。

中国科学院国家授时中心

时间如何传播？

有了各种计时器之后就产生了时间基准，人们为了统一时间也就有了时间传递的需求，即需要将时间从一个地方传递到另一个地方。从古至今，随着科技的进步，时间传播的方式也在不断发展。

古代授时

《尚书 · 尧典》中记载，羲和专管“历象日月星辰，敬授人时”。“授时”这一说法大概就来源于此。

《命官授时图》

鸡人报时

中国古代鸡人于清晨报晓，很像公鸡打鸣，所以又被称为“鸡人呼旦”。唐宋时期，随着司时制度的发展，鸡人与漏刻、钟鼓等密切配合，形成了一整套报时制度。

*鸡人指的是一个重要的官职，主要的职责是守夜报时。

鸡人观察漏刻并确认时间

打更报时

打更报时是专门在夜间进行报时的方法。更夫通过滴漏或香漏掌握准确时间，再用打梆子或敲锣的方式将准确的时间传递给人们。

更夫

夜间更点的打更方式

更夫通常为两人一组，一人手中拿锣，一人手中拿梆，打更时两人搭档。

古人把一夜分为五更，一夜要敲五次更。每隔一个时辰（两个小时）敲一次，等敲第五次时俗称五更天，这时鸡叫了，天也快亮了。

晨钟暮鼓

中国古时候，城市建筑中基本都有“钟楼”和“鼓楼”，两座建筑对称相望。它们用来给人们传递重要的起居信号：钟声响起，一天开始；鼓声播动，一天结束。这是古代的一种报时方式。

二十四面节气鼓

西安鼓楼

西安钟楼上悬挂的是“景云钟”的复制品，它的真品珍藏于西安碑林博物馆内。除夕人们听到的中央广播电视总台播放的“新年钟声”就是它的录音。

西安钟楼

午炮报时

清朝末年，高楼渐多，钟声被高楼阻挡，于是便有了午炮报时。每天中午 12 时整，午炮会发出响彻大街小巷的响声，提示人们此时为正午时间。

上海外滩落球报时塔

北京宣武门午炮

落球报时

17 世纪后，航海业发展迅速，人们对报时的要求也越来越高。落球报时是在码头、港口等地的高杆上挂上圆球，并在规定时刻升降圆球，人们可以根据圆球的降落瞬间来校准船上的钟表。

还有哪些地方使用落球报时？

英国格林尼治天文台上用于报时的圆球

无线电报时

1902 年，法国人首先在埃菲尔铁塔上试验发播短波无线电授时信号并取得成功，从此开启了无线电授时时代。

埃菲尔铁塔

现代授时

短波授时

短波一般是指频率为 3 ~ 30 兆赫兹的无线电波。短波授时信号主要通过电离层反射传播，将授时信号传播到很远的地方。每天 24 小时连续不断地以几种高频频率交替发播标准时间，主要靠天波传播，覆盖范围广。

短波授时天线

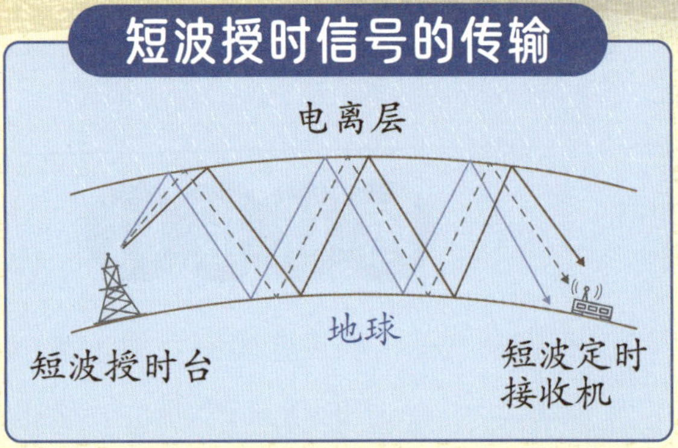

长波授时

长波一般是指频率为 30 ~ 300 千赫兹的无线电波。长波授时通常载频为 100 千赫兹，信号主要靠地波传播，稳定性好，抗干扰能力强，覆盖半径一般为 1000 千米左右，授时精度为微秒量级（百万分之一秒）。我国还有一种长波授时，载频为 68.5 千赫兹，电波钟接收该信号。

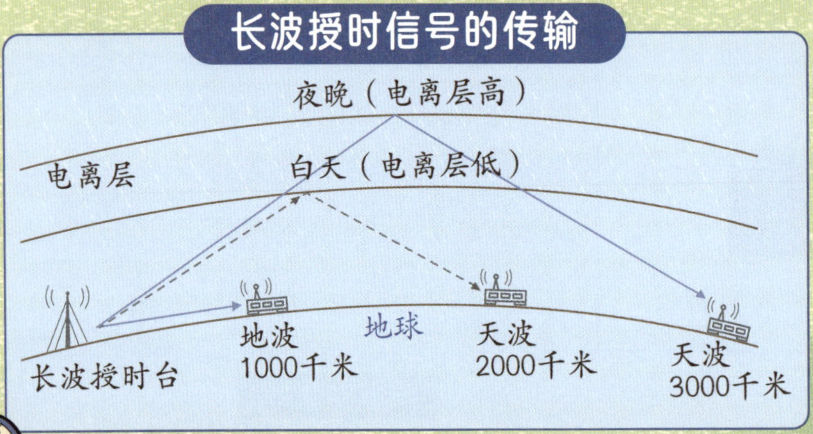

长波授时天线

射电天线

射电天线服务北斗卫星导航系统及观测脉冲星等，为获取高精度时间保驾护航。

国家授时中心

我国唯一的专门、全面从事时间频率科学研究的科研机构，承担着我国标准时间“北京时间”的产生、保持和发播任务，为我国时间频率体系、卫星导航系统的建设和发展作出了重要贡献。

国家授时中心守时实验室显示的北京时间

“北京时间”为什么从西安发出？

中国幅员辽阔，东西横跨5个时区。授时台建在版图中央地带（西安所处的位置）有利于无线电信号覆盖全国，所以“北京时间”由地处西安的中国科学院国家授时中心产生、保持并发播。

卫星授时

卫星授时是一种利用人造卫星发播标准时间信息的授时方式。卫星导航系统授时精度高，但信号易受遮挡或干扰。而地基授时系统信号稳定、抗干扰能力强，通过差分技术，授时精度可达 300 万年不差一秒钟。未来，将构建星地融合、立体交叉授时系统。

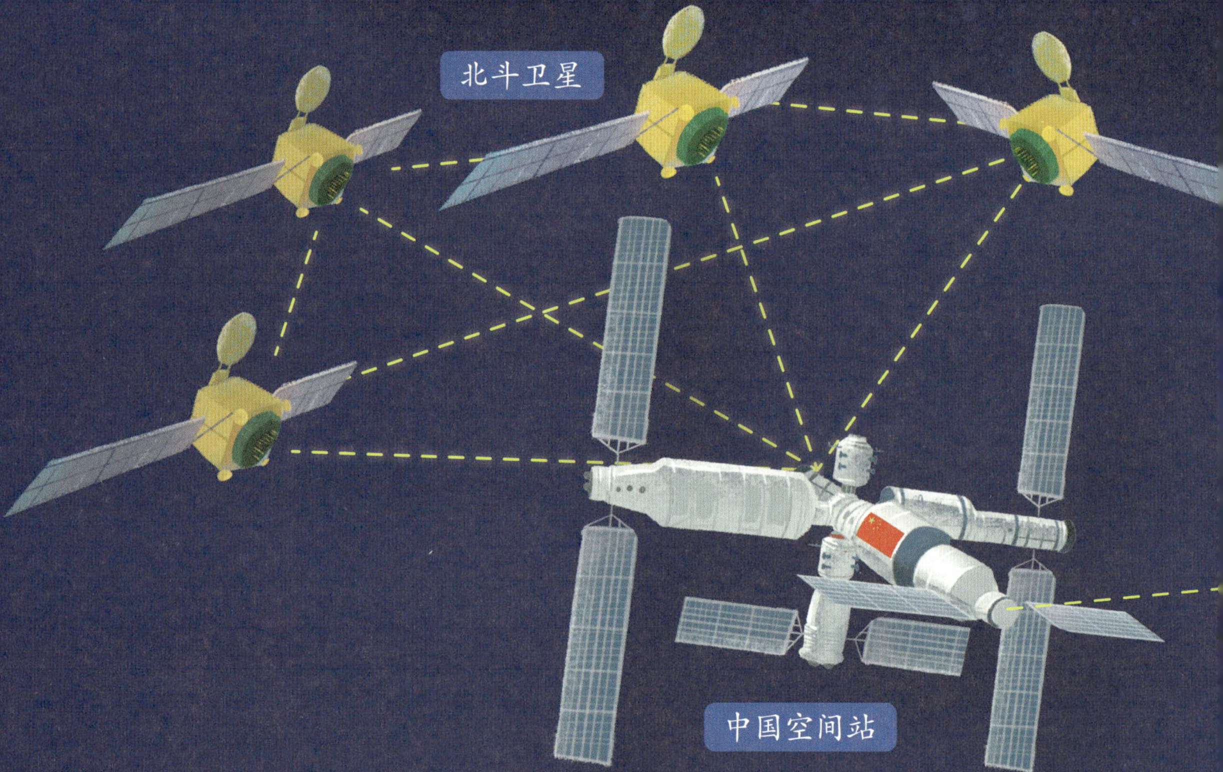

高精度地基授时系统

高精度地基授时系统是国家重大科技基础设施项目，它将进一步提高我国授时系统的安全性、可靠性和授时精度，对基础产业发展、科学研究和国家安全具有重要意义。系统建成后，将成为国际上规模最大、功能最完善、性能最先进的地基授时系统。它将与星基授时系统一起构成我国星地一体化授时体系，不仅支撑我国经济社会和国家安全的长远发展，同时也可为精密测量物理、精密时频技术等科学研究提供重要的实验平台。

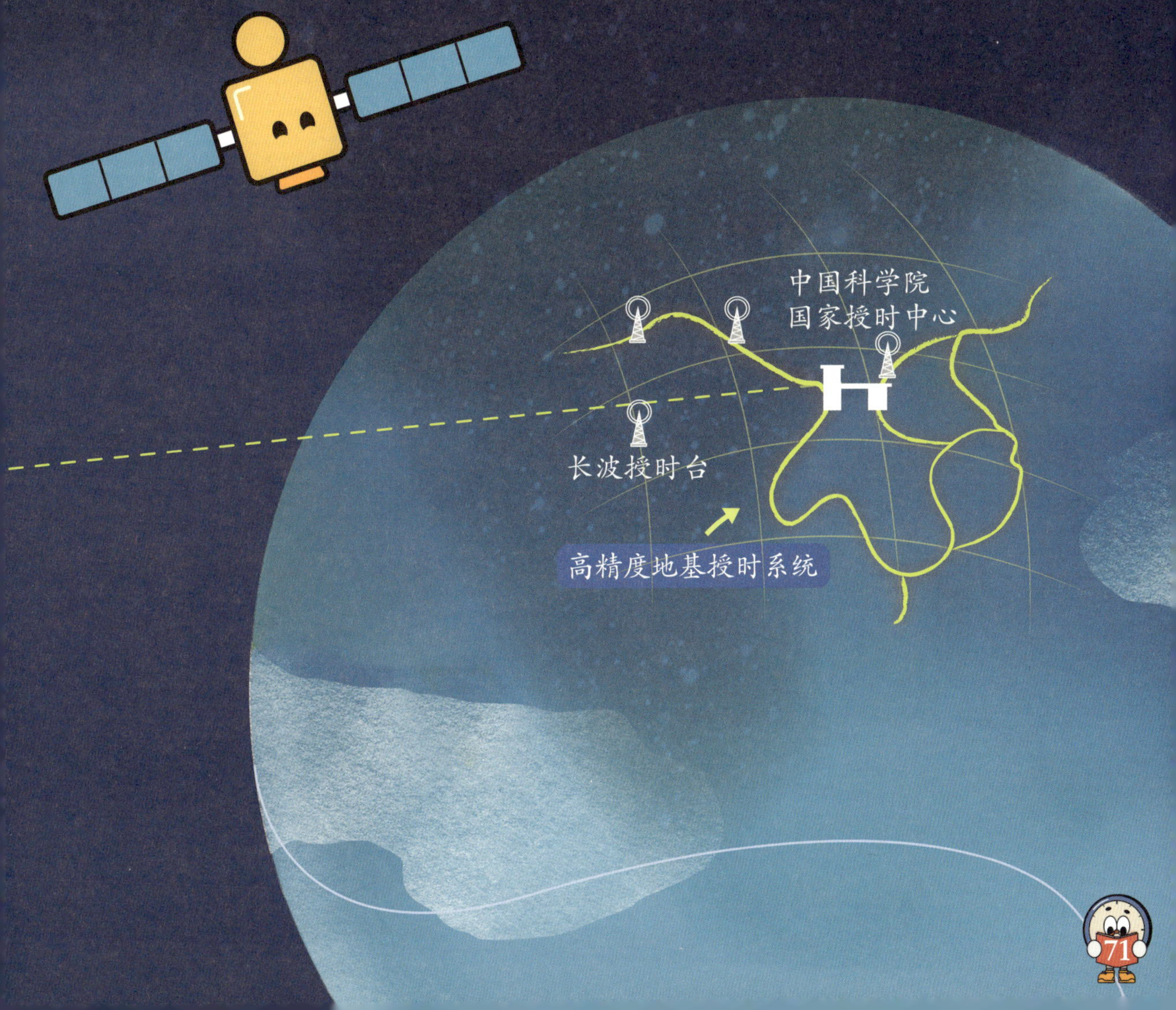

中国科学院国家授时中心

时间都去哪儿了？

时间，是当今测量精度最高、应用最广泛、唯一实现全球高精度实时传递的基本物理量。

时间都会运用在现实生活中的哪些方面呢？时间都去哪儿了？

精密时间应用

随着信息化、数字化时代的到来，高精度时间已经成为一个国家科技、经济、军事和社会生活中的重要参量。其应用范围很广，从基础研究到工程技术应用领域均有应用，并渗透到了国计民生的诸多方面，关系着经济社会发展和国家安全稳定。

时间与电信

现在的5G通信、未来的6G通信都对高精度时间同步有着非常高的要求。蜂窝通信基站之间的时间同步精度，影响着数据通信的容量和效率，决定着通信网络的性能。5G通信网络核心设备对时间同步精度要求高于百纳秒级，也就是千万分之一秒。6G通信网络的要求则会更高。

时间与电力

电力运行的调度系统要求全电网保持高精度时间同步。现代电网和未来的智能电网都需要使用高精度的时间频率设备，以保证电力系统可靠、安全、高效地运行。

时间与金融

随着全球金融市场的迅速发展，金融交易时刻发生，市场行情瞬息万变。国际国内银行间的实时结算，证券期货和股票市场的集合竞价、实时撮合成交等，都对时间和信息系统的同步提出了较高要求。

高速数字通信网需要至少微秒级的时间同步精度。

时间与交通

现代高速交通网迅速发展，精细化交通管理的重要性日益凸显，交通网络中的时间同步越来越重要。交通运输业的时间显示系统，如地铁时刻表显示系统、机场时刻表显示系统等，均要求时间同步精度在毫秒级。

智能交通指挥管理系统需要毫秒级时间同步精度。

时间与广播电视

时间同步对于广播电视系统至关重要，是广播电视节目播出自动化，以及演播室和卫星信号、转播车信号之间播出切换的基准。特别是对于数字电视播出系统，节目正常播出和准时切换都要基于时间高度同步的时间源。

时间与科学研究

现代科学技术的发展建立在精密测量的基础之上，时间是目前所有物理量及物理常数中测量精度最高的。在一些前沿科学实验里，其实验结果的精度直接取决于对时间频率测量的最高精度。

时间与定位导航

卫星导航系统是一个基于测量时间差的测距定位系统，用户的位置和速度信息是通过测量时间获得的，时间信息的生成与保持、时间频率信号的测量与同步是卫星导航系统最关键的基础技术。

时间与航天

航天发射、运行和回收控制中，各个重要事件的记录都需要精确的时间频率同步和时间标记。

时间与军事

高精度和高稳定度的时间频率系统对现代军事应用极为重要。时间信息是定位和导航信息的基础，是信息化作战的核心要素，授时战已经成为当今信息化条件下军事斗争的焦点。

民用时间

高精度的原子时间正在走近你我他。电波表可以戴在你的手腕，电波钟或 Wi-Fi 钟可以挂在你的家里；你的电脑与网络授时同步；手机应用程序可以获取标准时间；家庭智能设备可以通过网络授时实现时间同步。昔日遥不可及的原子时间，正在走进寻常百姓家，服务人们的高品质现代生活。